农村鼠害控制技术

涂建华　罗林明　主编

四川出版集团·四川科学技术出版社

图书在版编目(CIP)数据

农村鼠害控制技术/涂建华,罗林明主编. —成都:四川科学技术出版社,2003.4(2011.3重印)
ISBN 978-7-5364-5184-1

Ⅰ.农… Ⅱ.①涂…②罗… Ⅲ.农村-鼠害-防治 Ⅳ.S443

中国版本图书馆 CIP 数据核字(2003)第 011038 号

农村鼠害控制技术（修订版）

主　　编	涂建华　罗林明
责任编辑	李蓉君
封面设计	韩建勇
版式设计	杨璐璐
责任校对	叶　战　康永光　翁宜民
责任出版	邓一羽
出版发行	四川出版集团·四川科学技术出版社
	成都市三洞桥路 12 号　邮政编码 610031
成品尺寸	185mm×130mm
	印张 5.375　字数 100 千
印　　刷	四川新华印刷有限责任公司
版　　次	2008 年 4 月第二版
印　　次	2011 年 3 月第四次印刷
定　　价	11.00 元

ISBN 978-7-5364-5184-1

■ 版权所有·翻印必究 ■

■ 本书如有缺页、破损、装订错误，请寄回印刷厂调换。
■ 如需购本书，请与本社邮购组联系。
　地址/成都市三洞桥路 12 号　电话/(028)87734081
　邮政编码/610031
　网址:www.sckjs.com

编委会名单

主　编：涂建华　罗林明
副主编：郭　聪　廖崇光　刘　可　蒋　凡
编　委：(以姓氏笔画为序)
　　　　　尹　勇　王朝斌　马青如　叶建生
　　　　　刘如东　刘世荣　余文海　张立昌
　　　　　吴小军　卓天智　粟光明　罗怀海
　　　　　罗孝贵　范松伦　赵志模　徐　翔
　　　　　徐兴全　袁春花　贾　勇　魏正斌
　　　　　雷映发　鲜宇清

前　言

农村鼠害严重影响农业生产、食品安全、人民生活、人体健康,是农业生物灾害中的重要灾害。联合国粮农组织(FAO)和各国政府都十分重视农村鼠害控制。在 FAO 北京代表处、农业部国际合作司的指导下,通过中外专家的共同努力,我们顺利实施完成了 FAO 四川农村鼠害控制项目[TCP/ CPR/ 8926(T)],在鼠情监测、鼠害控制技术研究推广、农民培训和社区灭鼠等方面取得了进展,这对四川农村鼠害的持续控制有十分重要的意义。

本书针对四川农村鼠害情况,根据 FAO 四川农村鼠害控制项目最新研究成果和作者长期从事农村鼠害控制的经验,对四川害鼠的发生分布、生物学特性、鼠情监测与预报、鼠害控制技术及社区灭鼠等方面作了较全面和系统的介绍,并附有大量图表,文字力求通俗易懂,适合广大基层技术人员和农民阅读,也可作为鼠害专业技术人员参考书。

由于时间仓促,作者水平有限,本书难免有疏漏和不当之处,望读者批评指正。

编著者

目　　录

第一章　农村鼠害控制项目进展

第一节　项目背景 ………………… 2

一、四川概况 ………………… 2

二、鼠害情况 ………………… 2

 1. 害鼠种类与分布 ………… 2

 2. 鼠害发生与危害 ………… 3

三、农村灭鼠工作 …………… 4

四、主要问题 ………………… 6

第二节　项目情况 ………………… 6

一、组织管理 ………………… 7

 1. 基点选择 ………………… 7

2. 组织机构 …………………………… 8
 二、试验研究 ………………………………… 9
  1. 情况调查 …………………………… 9
  2. 鼠情监测 ………………………… 14
  3. 鼠害控制试验 …………………… 19
  4. Y 型栖木及招鸟箱招引猫头鹰 …… 29
  5. 毒饵筒长期控制害鼠观察 ………… 29
 三、示范推广 ………………………………… 31
  1. 积极开展培训,让农民成为控鼠专家
   …………………………………… 31
  2. 认真搞好示范,推广毒饵站控鼠技术
   …………………………………… 35

第三节　项目成效 ……………………… 36
 一、该项目的主要成果 ………………… 36
 二、四川农村鼠害控制措施 …………… 37
  1. 搞好鼠情监测为基础 …………… 37
  2. 改进农村鼠害控制技术为重点 …… 38
  3. 农村社区灭鼠为保障 …………… 39
 三、几点体会 ………………………… 40

第二章 农村鼠害控制技术

第一节 概述 ·················· 42

一、对农业的危害 ············ 43

二、对工业的危害 ············ 44

三、对牧业的危害 ············ 44

四、对林业的危害 ············ 45

五、传播疾病 ················ 45

第二节 害鼠的生物学特性 ········ 46

一、鼠类的识别 ·············· 46

1. 褐家鼠 ················· 48
2. 黄胸鼠 ················· 50
3. 小家鼠 ················· 51
4. 黑线姬鼠 ··············· 53
5. 大足鼠 ················· 55
6. 在四川分布的其他一些鼠类 ····· 55
7. 四川短尾鼩 ············· 57

二、繁殖特性 ················· 57

三、数量变动与数量预测 ········ 59

四、鼠类的行为 ··············· 63

  1. 栖息习性 ················· 63

  2. 活动习性 ················· 65

  3. 取食行为 ················· 66

第三节　鼠情监测与预报 ········ 70

一、鼠害调查 ················· 70

二、害鼠数量监测 ············· 71

  1. 害鼠密度调查 ············· 71

  2. 数据处理与分析 ··········· 73

三、鼠情预报 ················· 74

第四节　鼠害的防治 ············ 81

一、营造一个舒适的居住环境 ···· 82

二、保护害鼠的天敌 ············ 85

三、结合农事活动，采取积极的防鼠措施

                         91

四、捕杀灭鼠 ················· 91

五、药物灭鼠 …………………………… 110
  1. 杀鼠剂选择原则 ………………… 110
  2. 几种常用杀鼠剂 ………………… 112
  3. 杀鼠剂的抗药性问题 …………… 115
  4. 毒饵的配制与使用 ……………… 116
  5. 毒饵站灭鼠法 …………………… 122
  6. 毒饵灭鼠的组织 ………………… 126
  7. 杀鼠剂灭鼠的安全注意事项 …… 128

附:一些杀鼠剂中毒后的常见症状及参考解毒药物 …………………… 130

第三章 农村社区鼠害控制

第一节 农民情况调查 …………… 135
一、调查的目的 …………………………… 135
二、调查的内容 …………………………… 136
三、调查的方法 …………………………… 136

第二节　农民培训方法 …………………… 141

一、为什么要培训农民 …………………… 141
二、**FAO** 培训农民的特点 …………… 142
三、培训基点和对象的选择 ………… 142
四、培训日程设置 ……………………… 144
五、考试 ………………………………… 145

第一章

农村鼠害控制项目进展

根据联合国粮农组织(**FAO**)四川省农村鼠害控制项目[**TCP/CPR/8926(T)**]计划要求,在**FAO**北京代表处、农业部国际合作司的指导下,通过国际顾问(**Dr. Rao**)、国内专家(郭聪、赵志模两教授)、项目组和基点县技术人员的共同努力,本项目从2000年5月开展以来,在鼠害问题、鼠情监测和鼠害控制技术研究、示范推广、农民培训和社区灭鼠等方面取得了进展,探索了适合四川实际的鼠情监测方法、鼠害控制技术和社区灭鼠措施,建立了项目组织管理体系,完成了项目计划任务,并在项目县开展了示范推广。现将项目执行情况报告于后。

第一节 项目背景

一、四川概况

四川位于中国西南部,是一个重要的农业大省。全省辖21个市(州)、182个县(市、区)、4 981个乡(镇),总人口8 430万人。全省幅员面积48.53万平方千米,地形复杂,西部为高原,东部为盆地,总耕地面积452万公顷,其中旱地223万公顷。常年种植水稻220万公顷、小麦180万公顷、玉米130万公顷、甘薯95万公顷。粮食总产3 500万吨左右。

二、鼠害情况

1. 害鼠种类与分布

据1984~1987年全省鼠情调查,四川农田啮齿动物共1目、3科、15种;其中鼠科13种,仓鼠科1种,松鼠科1种,另有食虫动物四川短尾鼩、灰麝鼩、长吻鼩等。鼠科中以褐家鼠、黑线姬鼠、小家鼠、大足鼠和黄胸鼠为主要优势种类。在四川分布最广的是褐家鼠、黑线姬鼠和小家鼠,从海拔200~1600米都有分布,其次是大足鼠和黄胸鼠,褐家鼠、黑线姬鼠在四川90%以上的农区均有分布,数量占种群的多数,是四川省农区主要害鼠。近年来,在

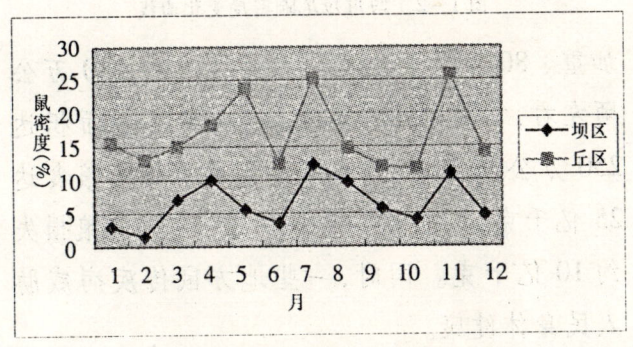

图1-1 丘区和坝区鼠密度变化曲线

许多地方四川短尾鼩的种群数量较大,已成为农田优势害鼠。在四川盆地农区,每年7月和11月是害鼠数量高峰期。

2. 鼠害发生与危害

20世纪90年代以来,由于自然情况和社会环境的改变,害鼠种群数量不断增加,危害

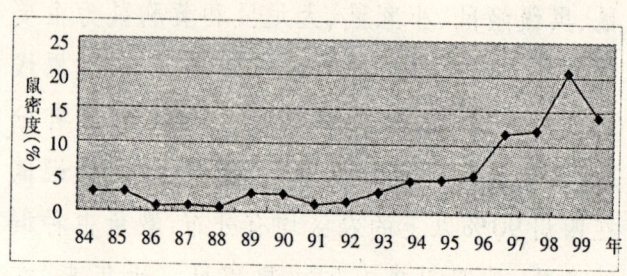

图1-2 四川短尾鼩密度变化曲线

加重。80年代初期全省鼠害发生仅180万公顷左右,而到1985年以后,鼠害发生面积达250万公顷左右,全省每年因鼠害损失粮食达25亿千克,其中田间损失15亿千克,储粮损失约10亿千克。同时,一些地方鼠传疾病威胁人民身体健康。

三、农村灭鼠工作

四川省农村灭鼠工作是根据国务院1983年第35号文件精神逐步开展起来的。大致可分为三个阶段。

1. 基础调查和技术摸索阶段

20世纪80年代中期,我们组织了24个县开展四川农田基本鼠情调查,摸清了农村害鼠主要种类、发生危害情况、防治指标和适期,进行了溴敌隆、杀鼠迷、氯敌鼠钠盐等十余种杀鼠剂筛选和投饵技术试验,开发应用了抗凝血杀鼠剂,大幅度减少了急性杀鼠剂的使用。全省每年灭鼠60万公顷以上。

2. 积极开展农田灭鼠达标活动

20世纪80年代末至90年代初,与爱卫会等部门配合,开展了农田灭鼠达标活动,制定了农田灭鼠"达标"考核验收办法,建立了全省以20个县为主的农田鼠情监测网,制定了监测办法和考核制度,实行定人员、定任务、定时间、定内容、定经费的"五定"管理,准确、及时提供鼠情,为指导大面积灭鼠提供了科学依据。各地积级开展统一灭鼠,每年灭鼠面积达100万公顷以上。

3. 开展集中统一农田灭鼠

1993年以后,四川省将农田灭鼠作为一项综合性的减实工程,坚持"六统一",即统一组织指挥、统一筹集资金、统一培训技术、统一供应鼠药、统一配饵投饵、统一检查验收,"四不漏"即县不漏乡、乡不漏村、村不漏社、社不漏户和田,以县(市、区)为单位开展集中统一农田灭鼠,收到了良好效果,全省每年农村灭鼠面积达200万公顷左右,有效地控制了鼠害,抑制了鼠传疾病的发生,保障了农业生产安全和人民身体健康。

四、主要问题

一是由于大面积单纯依赖化学药剂灭鼠,导致害鼠数量迅速反弹,增加了长期控制害鼠的难度。二是缺乏系统有效的鼠情监测手段和科学的预测方法。三是毒饵配制和投毒技术单一,亟待改进和提高。四是农民缺乏科学灭鼠方法和技术。

第二节 项目情况

四川农村鼠害控制项目是2000年由FAO立项,四川省农业厅植保站具体实施的技术援助项目[TCP/CPR/8926(T)]。由 FAO 中国代表处、农业部国际合作司负责管理。聘请 Dr. Rao(印度)为国际专家、郭聪和赵志模教授为国内专家。项目从 2000 年 5 月至 2001 年 12 月在四川省彭山、梓潼等 10 个县实施,取得了较好成效。

一、组织管理

1. 基点选择

选择了 10 个不同生态类型的县作为项目基点县(彭山、仁寿、夹江、渠县、荣县、简阳、新都、通江、邻水、旺苍)。这些基点县中,有些是 FAO 社区 IPM 项目县,有些是农户安全储粮(TCP/CPR/4556)县和粮食特别安全计划(SPES/CPR/4501)县(见表 1-1)。

表 1-1 基点县参加其他 FAO 项目情况

	县 名	参 加 项 目 情 况
1	彭山县	全国鼠情监测点
2	梓潼县	TCP/CPR/4556(1995)

续表

	县 名	参 加 项 目 情 况
3	通江县	TCP/CPR/4556（正在进行）
4	新都区	IPM 项目、TCP/CPR/4556（正在进行）
5	简阳市	IPM、TCP/CPR/4556（1995）、SPES/CPR/4501
6	邻水县	TCP/CPR/4556（1995）
7	荣 县	TCP/CPR/4556（正在进行）、SPES/CPR/4501
8	渠 县	IPM、TCP/CPR/4556
9	旺苍县	SPES/CPR/4501
10	仁寿县	IPM、TCP/CPR/4556（1995）、SPES/CPR/4501

2. 组织机构

省上建立由有关官员和专家组成的项目执行小组和由省内外鼠害专家、培训专家组成的项目技术指导小组负责该项目的组织协调、技术开发和实施。项目基点县（市）也建立了由有关行政人员组成的领导小组,负责项目在当地的组织协调和实施,同时由县、乡技术人员组成技术小组,负责项目的技术落实。乡也建立了相应的组成机构,负责该项目的实施。

二、试验研究

1. 情况调查

(1)农民问卷调查　为了了解农民对害鼠防治知识和技能的掌握程度,我们设计了统一的问卷调查表,对彭山县的150户农户进行了访问,调查结果表明:

- 所有的农户都知道鼠害,但仅有66%的农户知道鼠传疫病。
- 多数农户对鼠药有所了解,但几乎不了解其剂量,了解急性杀鼠剂的农户多于慢性杀鼠剂。
- 多数农户采用散投毒饵(85%),几乎没有农户使用毒饵站,有96%的农户投饵在野外田埂上,仅37%的放在鼠洞内。
- 多数农户采用毒杀和养猫灭鼠,仅7%的农户使用器械(鼠夹、鼠笼)灭鼠。

·有80%的农户不掩埋死鼠和不设立警示标志。

(2)农村害鼠发生防治基础数量调查

①在10个县对600户农户进行了调查。调查结果表明,无论是在什么生态区,天敌均不常见,特别是猫头鹰和黄鼠狼。虽然在一些地区可常见到蛇,但对害鼠的控制作用均不明显。天敌的数量少与人们对天敌的偏见和猎杀有关。

②无论是农田还是房舍,"山区县"(如旺苍)的害鼠捕获率较高,而"平原县"(如新都和彭山)的害鼠捕获率均较低(见表1-2、表1-3)。

③从整体来看,无论是平坝还是山区,天敌对害鼠的控制作用非常有限。从害鼠的发生情况看,山区的害鼠种群数量较平坝的要高,其原因可能与山区害鼠的栖息环境层次丰富,食物丰富有关。另一原因可能与山区的经济文化水平相对落后,农民的防鼠意识和技术滞后,投入不足有关。因此,加强对农民的培

表1-2 不同生态区农田害鼠捕获率(%)

县	月	平坝		丘陵		山区	
		稻田	旱地	稻田	旱地	稻田	旱地
旺苍	7月	21.00	28.00	10.00	18.00	15.00	17.00
仁寿	6月	-	-	10.00	10.00	1.00	2.00
	7月	-	-	3.00	-	6.00	13.00
	8月	-	-	10.00	21.00	20.00	1.00
通江	6月	0.49	2.28	5.48	6.10	0.97	-
	7月	3.40	3.60	3.20	4.30	-	-
新都	6月	0.34	-	0.33	-	-	-

续表

县	月	平坝		丘陵		山区	
		稻田	旱地	稻田	旱地	稻田	旱地
彭山	6月	2.67	—	1.70	1.00	—	—
	7月	0.00	—	0.67	1.0	—	—
	8月	0.00	—	0.33	0.00	—	—
	9月	0.00	—	1.30	0.00	—	—
	10月	0.00	—	3.00	0.67	—	—

表1-3 不同生态区农舍害鼠捕获率(%)

县	月	平 坝	丘 陵	山 区
旺苍	7月	20.00	—	41.5
仁寿	6月	—	6.00	3.00
	7月	—	8.00	6.50
	8月	—	7.00	4.00
通江	6月	—	10.50	—
	7月	—	—	5.50
彭山	7月	0.67	0.50	—
	8月	1.67	2.67	—
	9月	2.33	1.50	—
	10月	0.00	3.00	—

训,特别是对经济条件落后地区农民的培训很有必要。

2. 鼠情监测

(1) 鼠情监测体系　在本项目的10个县、24个乡、48个村建立了鼠情监测点,其中彭山5个乡、梓潼3个乡,其余各县2个乡,每乡选择2个村进行鼠情监测。

(2) 鼠情调查,在10个项目基点县的鼠情监测点进行　从2000年6月开始,每月调查一次,采用鼠夹法、数活鼠洞,调查内容包括害鼠的种类、数量、繁殖情况,活鼠洞及鼠害等情况。田间被害率调查采用菲律宾方法。

①乡级鼠情调查活鼠洞和被害率,在2个村,每个村每月调查一次2.5公顷田间活鼠洞和田间被害率。记载活鼠洞数和田间被害率。

②县级鼠情调查增加鼠夹法,每月一次,每晚农田、农舍各100夹次,连续3晚,记载活鼠洞、被害率、捕获率、年龄、性比、睾丸下位、阴道开口、怀孕及黄体酮情况。对害鼠的繁殖情况,过去主要是通过观察年龄、性比和胎仔

数等,该项目通过观察阴道开口情况和睾丸位置来确定繁殖鼠的方法易操作、好判断(见图1-3、图1-4)。

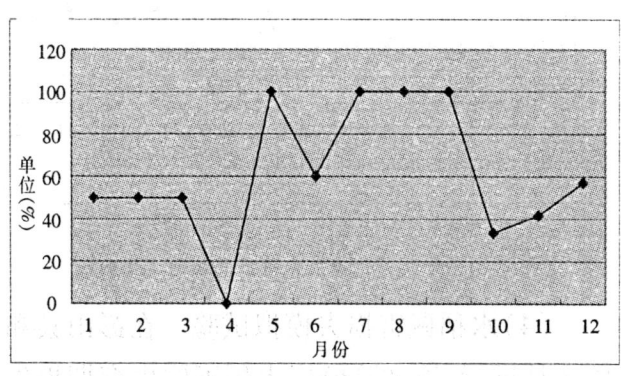

图1-3 阴道开口雌鼠占雌鼠总数的变化曲线

(3)鼠害调查方法对比试验 在彭山县凤鸣镇选择6块鼠害较重的水稻田,用菲律宾鼠害调查法和单对角线鼠害调查法调查鼠害,比较其差异(见表1-4)。采用配偶数据对被害率统计分析结果表明,两种方法调查被害率之间无显著差异($t=1.999$),$p>0.05$)。因均为各国通用鼠害调查法,可任选一种来调查鼠害。

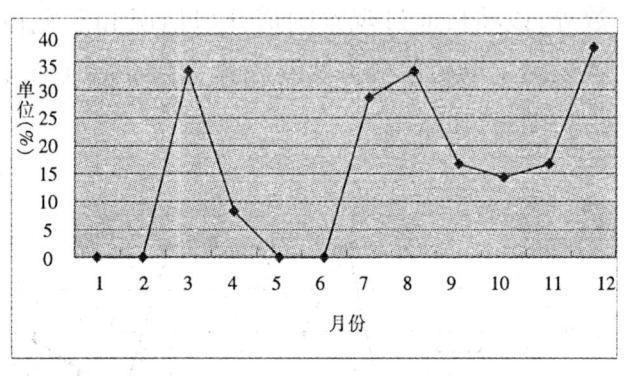

图1-4 睾丸下位雄鼠占雄鼠总数的变化曲线

（4）水稻鼠害损失模拟试验 在彭山县和梓潼县进行,该试验模拟水稻不同生育期损失5%和10%的稻株对产量的影响。试验结果见表1-5、表1-6,从上述实验均可看出剪去的稻株比例越高,越接近水稻生育后期,其产量损失越大,移栽后第4周剪苗,无论是剪去5%还是10%,产量的损失不大。第8周时剪苗则有明显的产量损失。方差分析结果处理间的差异显著（$F=6.151, P=0.002$）

表 1-4 鼠害调查结果表

田别	单对角线鼠害调查法			菲律宾鼠害调查法			
	25窝中的未被害株	25窝中的被害株	被害率	被害窝	被害窝中的未被害株	被害株	被害率
1	287	9	3.04%	11	98	34	2.83%
2	273	16	6.20%	10	62	43	4.09%
3	279	8	2.85%	5	33	35	2.57%
4	275	5	1.76%	1	9	3	0.25%
5	275	8	2.83%	4	27	20	1.70%
6	246	5	1.99%	3	5	25	2.5%
平均	—	—	3.11%	平均	—	—	2.32%

表1-5 水稻不同时期鼠害损失率与产量损失关系模拟实验(彭山)

处理	平均(SD)(kg)	与对照相比减产(%)
4周,5%	9.98±1.06	-
4周,10%	9.71±0.76	-
8周,5%	9.71±0.76	2.8
8周,10%	9.32±0.41	6.7
12周,5%	9.29±0.20	7.0
12周,10%	9.23±0.76	7.6
对照	9.99±0.16	-

表1-6 水稻不同时期鼠害损失率与产量损失关系模拟实验(梓潼)

处理	平均(SD)(kg)	与对照相比减产(%)
4周,5%	12.9±1.13	-
4周,10%	12.2±0.57	-
8周,5%	11.5±0.32	8.7
8周,10%	11.4±0.36	9.5
12周,5%	11.2±0.25	11.1

续表

处理	平均(SD)(kg)	与对照相比减产(%)
12周,10%	10.7±0.21	15.1
对照	12.6±0.50	—

3. 鼠害控制试验

(1)毒饵站选择和置放地点评价

①农田毒饵站试验,考察农田毒饵站的效果和放置密度。在彭山县黄丰和观音镇选择3块水稻田,每块样地鼠密度基本一致,每块样地均为2.4公顷。在每种类型的3块样地中分别放置12、24、36个竹筒毒饵站(即每公顷放5个、10个、15个)每晚每个饵站放10克大米,第二天称耗饵量,连续5天。竹筒毒饵站用60厘米长的竹筒制成,直径为4~6厘米,两端有10厘米左右的支架。在水稻田中毒饵站沿田埂放置。从表1-7数据中表明:用耗饵量作方差分析,水稻田中三种放置密度间均无显着差异。用取食次数作卡方测验,其放置密度与取食次数无显着差异。在

鼠害密度为5%左右情况下,采用10个/公顷毒饵站为佳。

表1-7 竹筒毒饵站在田间不同放置密度取食量及取食次数

放 置 场 所	水	稻	田
放置密度(个/公顷)	5	10	15
耗饵量(g)	245	540	593
平均耗饵量(g)	20.4	27.0	16.5
取食次数	38	86	109
平均取食次数	3.2	3.6	3.0

②农舍毒饵站试验。在农舍我们做了5种类型毒饵站选择和放量位置试验。5种类型的毒饵站均选择天然材料制成,分别为粘土烧制而成的一端开口,两端开口的弯管状毒饵站,粘土烧制而成的碗状毒饵站,水泥盒及竹筒毒饵站。5种毒饵站有4~6厘米开口。在丘区(黄丰)及坝区(观音)选择50户农户,将5种不同类型的毒饵站编成一组,在农户的同一房屋内排列成直径约1米的圆

圈,每个饵站放20克大米,第二天称耗饵量,连续5天。每天依次移动毒饵站位置。从表1-8结果表明,平坝和丘陵区害鼠在农舍对不同类型毒饵站的选择基本一致,其取食次数和耗饵量均是碗状粘土类和竹筒毒饵站为高。

在观音镇选择3个村,每个村30户农户,采用竹筒毒饵站(长30厘米,竹筒直径4~6厘米)分别在每个农户的猪圈、仓房、卧室、厨房、室外前屋檐和后屋檐设置一个毒饵站,每晚放20克小麦,次日称取耗饵量,并补足20克,连续5天。从表1-9结果表明,猪圈和室外的后屋檐取饵量高。

(2)不同鼠密度毒饵站放置数量试验

在彭山凤鸣镇、观音镇和梓潼县东石乡进行。根据不同鼠密度(5%、10%)放置不同密度的毒饵站(15个/公顷、30个/公顷、45个/公顷)。定期观察耗饵量,比较灭鼠效果。从彭山县的试验结果表明,在鼠密度18%的高密区,每公顷放置毒饵站15个的防效达到

表1-8 农村家栖鼠对不同类型的毒饵站的选择实验

毒饵站类型	平原区			丘陵区		
	取食次数	占%	耗饵量(g)	占%	取食次数	占%	耗饵量(g)	占%

毒饵站类型	取食次数	占%	耗饵量(g)	占%	取食次数	占%	耗饵量(g)	占%
粘土类（一端开口）	44	9.8	277	8.0	3	2.7	51	3.3
粘土类（两端开口）	69	15.4	470	13.6	9	8.0	134	8.6
粘土类（碗状）	107	23.9	915	26.4	57	50.4	783	50.1
水泥类	66	14.7	452	13.0	16	14.2	220	14.1
竹筒	162	36.2	1353	39.0	28	24.8	376	24.0

表1-9 平原区农舍不同位置毒饵站取食量 (g)

位 置	Ⅰ(陈家村)	Ⅱ(梓潼村)	Ⅲ(杨柳村)	合 计
仓 房	120.0	1325.0	266.0	1711.0
厨 房	116.0	1108.0	235.0	1459.0
卧 室	131.0	877.0	114.0	1122.0
猪 圈	127.0	1609.0	555.0	2291.0
室外前屋檐	159.0	1026.0	158.0	1343.0
室外后屋檐	317.0	1520.0	359.0	2196.0

表1-10 不同鼠密度区与不同毒饵站数量的灭鼠效果比较

单位:克 彭山 2001

处　理		处理区		对照区		校正防效(%)
		前饵	后饵	前饵	后饵	
高密区(鼠密度10%以上)	每公顷15个	4470	480	2250	4515	94.65
	每2公顷15个	3870	975	3975	4680	78.60
	每3公顷15个	4140	1170	4710	4815	72.36
低密区(鼠密度5%左右)	每公顷15个	2640	0	3015	4530	100.00
	每2公顷15个	2325	1020	2520	10305	89.27
	每3公顷15个	2355	1110	2340	4035	72.67

90%以上(表1-10),其2公顷15个和3公顷15个的防效均低于80%,因此在鼠密度10%以上选用15个/公顷毒饵站。在鼠密度8.5%的低密度区,每公顷放置15个和2公顷15个毒饵站的防效都达到90%左右,因此,在鼠密度5%~10%时宜选用2公顷15个毒饵站。

(3)饵料选择和复合饵料评价

①饵料种类及形状选择试验。在观音镇10户农户农舍进行。选择4种饵料:即大米、小麦、碎大米、碎小麦。采用竹筒毒饵站投毒。每户选择2个房间;每个房间放4个毒饵站,每晚在毒饵站中分别放入20克大米、小麦、碎大米、碎小麦,次日称耗饵量,如有取食补足20克,连续5天,记载耗饵量和取食次数。从表1-11中可以看出,小麦和大米20克饵量,取食次数高。

②配合饵块试验。在彭山县观音镇选15户农舍,以5户作一个区组,重复3次,在每个农舍的仓房、猪圈、厨房、卧室、房前屋檐、

表1-11 家栖鼠对不同种类及不同形状饵料的取食量及取食次数

饵料	摄食量(g)					总量(g)	摄食系数	取食次数
	1d	2d	3d	4d	5d			
碎小麦	13	19	14	30	27	103	0.4976	24
小麦	31	22	33	81	40	207	1.0000	33
碎大米	3	5	8	12	4	32	0.1546	13
大米	16	33	29	29	44	151	0.7295	32

房后屋檐分别将两个竹筒毒饵站(长 30cm,洞口直径 4~6cm)放在一起。一个饵站中放 10 克左右的配合饵块(48%面粉 +48%碎米 +2%植物油调配后切块凉干而成)一块,另一个放 10 克小麦作对照,第二天称耗饵量,如有取食补足 10 克,连续 5 天,记载耗饵量。从表 1-12 可以看出,其对两种饵料并无特别选择。

(4)杀鼠剂筛选试验。

①溴敌隆和大隆农田灭鼠药效比较试验。在观音镇进行,共设 50×10^{-6} 溴敌隆小麦毒饵,50×10^{-6} 大隆小麦毒饵和无毒小麦对照,重复 3 次,结果表明两种杀鼠剂的灭鼠效果溴敌隆平均为 78.65%,大隆平均为 81.95%,差异不显着[$t=2.278(2.0987)$,$p>0.05$]。

②溴敌隆、杀鼠迷农舍灭鼠药效比较试验。在观音镇 3 个村各选 30 户农舍进行,设 375×10^{-6} 杀鼠迷毒饵、50×10^{-6} 溴敌隆毒饵,无毒小麦对照,重复 3 次,每小区 10 户。

表 1-12　农村家栖鼠对配合饵块及小麦的取食次数及取食量

放置位置	取食次数 饵块	取食次数 小麦	取食量 饵块	取食量 小麦
仓房饵站	4	2	39	13
厨房饵站	5	14	40	79
卧室饵站	7	8	62	40
猪圈房饵站	13	16	119	107
前屋檐饵站	11	6	98	27
后屋檐饵站	30	19	264	122

结果表明,两种杀鼠剂灭鼠效果无显著差异($p>0.05$)。两种杀鼠剂处理均有较高的耗饵率和摄食系数,杀鼠迷和溴敌隆耗饵率分别为48.58%、47.57%。摄食系数为0.7623。

4. Y型栖木及招鸟箱招引猫头鹰

(1)Y型栖木招引猫头鹰试验 在彭山永丰乡进行。试验周围环绕树木茂密的山丘,由天然树枝制成的2米Y型栖木以1个/公顷放置在水稻田中,3天观察1次,共观察7次,未见猫头鹰粪便或呕吐物。

(2)由木板制成的招引箱,固定在山丘树林中的树上,距地3~4米,10天观察1次,观察9次,未见猫头鹰及呕吐的食物团、粪便等。

5. 毒饵筒长期控制害鼠观察

(1)农田区 在彭山县观音镇选择2片5公顷农田。2片农田害鼠密度(采用夹日法调查)、地形、生态条件及农艺措施基本一致,分别作为处理区及对照区,并分别置放25个

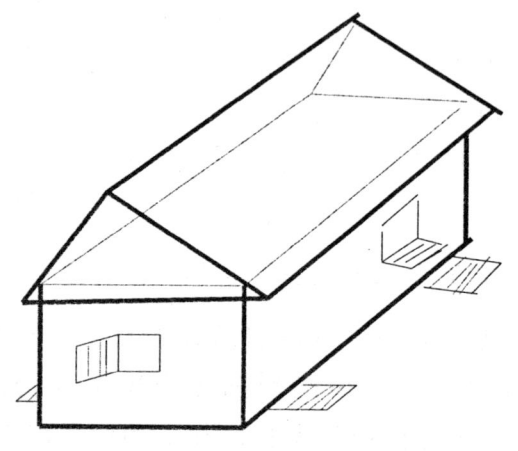

猫头鹰的巢盒

毒饵筒。处理区每个毒饵筒内放 25 克、50×10^{-6} 溴敌隆小麦毒饵,每月观察 2 次毒饵消耗情况,如有取食补足 20 克。对照区内的毒饵筒放置、投饵量及投饵方法与处理区相同,饵料为无毒小麦。

(2)农舍区 在彭山县义和乡选择 20 户农户,10 户为处理区,10 户为对照区。在每户设置 2 个毒饵筒,分别置于后屋檐和猪圈房内。处理区每个毒饵筒内放入 50 克 50×10^{-6} 溴敌隆小麦毒饵,每月观察两次毒饵消耗情况,如有取食补足50克。对照区内的毒饵筒设置、投饵量及投饵方法与处理区相同,饵料为无毒小麦。

(3)结果分析 控制效果采用 $E = 1 - A/B$(E 为处理区的灭鼠率,A 为处理区耗饵率,B 对照区耗饵率)计算。从表1-13看,无论是农田区还是房舍区,其控制效果均在80%以上。该实验农舍区每户设置2个饵站,农田仅每公顷5个,用工量及用药量均不大,便于推广,并可对害鼠进行长期控制,害鼠种群数量应持续下降。

三、示范推广

1. 积极开展培训,让农民成为控鼠专家

根据项目计划,在 FAO 国际专家 Dr. Rao,国内专家郭聪、赵志模教授的指导参与以及项目组和基点县、乡技术人员的共同努力下,今年我们在项目县开展了技术培训。举办 TOT 研讨会1次(彭山),FTOT 研讨会2次(彭山、梓潼),TOT 培训班1次(彭山),

表 1-13 毒饵筒长期控制农村害鼠的效果

处理		控制前耗饵率（%）	至 3 月 5 日的耗饵率（%）	控制效果（%）
农田区	对照区	37.7	9.45	84.1
	处理区	32.1	59.6	
房舍区	对照区	—	7.1	85.3
	处理区	—	48.4	

FTOT班20次(10个县),FFS600次(16个县),共计培训高级教师60名,农民带头人608名,农民36 050人,为农村鼠害控制技术的推广应用培训了一批人才。通过培训,收到了良好的效果。主要表现在以下几方面:

(1)农民素质提高 经过培训的农民对鼠害、灭鼠以及保护环境等方面的认识加深。普遍能够认识当地的主要鼠种,了解害鼠的活动规律,知道了害鼠主要天敌的控鼠作用。在灭鼠中改变了过去单一依赖化学药物灭鼠的作法,注意了以保护天敌、改善环境,断绝鼠粮等为重点的生态灭鼠的应用。在化学灭鼠中知道应选用安全、高效的抗凝血类慢性杀鼠剂,据调查,训前95%的农民认为急性鼠药最好,而培训后98%的学员认为慢性药灭鼠最好。在投饵方法上,掌握了毒饵站灭鼠新技术,并开始应用。多数农民认为要控制鼠害,必须以社区为单位大家齐心协力才能搞好,团结协作灭鼠的意识增强。同时许多受训农民对灭鼠中的安全和环保意识也有所提高,认为灭鼠要注意安全,死鼠要统一深埋处理,要保护好生态环境,要长期控制鼠害。

(2)农民效益提高 受训农民通过应用农村灭鼠新技术,采用毒饵站灭鼠,有效地控制了鼠害,减少了灭鼠投入,减少了鼠传疫病的发生,杜绝了鼠药中毒,经济效益和健康水平都有较大提高。据彭山县调查 100 户受训户,平均灭鼠投入比培训前减少 50% 左右,比非受训户减少 40% 左右,控鼠效果达 90% 以上,并能持续控制鼠害。害鼠对农作物及贮粮的危害明显减轻,农民从培训中获得了较大的经济效益。培训后通过开展社区灭鼠,农村社区鼠害得到有效控制,害鼠天敌增加,生态环境改善,鼠传疾病减少,经济、社会、生态效益明显增加,深受广大农民欢迎。

(3)农村灭鼠受到重视 通过 FAO 四川农村鼠害控制项目培训工作的开展,引起了各级领导、有关部门、新闻媒体以及广大农民的重视和关注。基点县、乡有关领导参与培训工作,乡镇领导担任 FFS 校长,各级地方财政安排150多万元资金用于培训工作,电视、广播、报纸等媒体大力宣传、报道FAO农村鼠害控制项目和培训情况,农业、妇联等部门积极组织、参与培训工作,有效地推动了项目培训的顺利实施。

2. 认真搞好示范,推广毒饵站控鼠技术

2001年,我们在16个县进行了毒饵站控制新技术的示范推广。通过举办农民田间学校(FFS),培训农民36 050名,统一采用毒饵站灭鼠,户平制作毒饵站4个,共计制作毒饵站14.42万个,毒饵站灭鼠示范面积1.07万公顷。大面积灭鼠效果达80%以上,比裸投毒饵灭鼠节约毒饵30%。减少了环境污染和人畜中毒事故的发生,获得了良好的经济、生态和社会效益。

第三节 项目成效

一、该项目的主要成果

1. 系统分析了四川农村鼠害发生历史、现状及规律,改进了鼠害监测方法,形成了适用于基层的科学、简便的鼠情监测技术。

2. 提出了社区灭鼠新概念,改季节性灭鼠为鼠害持续控制,适应了当前农业生产、农村经济和农村社区发展的需要。

3. 改变裸露投放毒饵为置放毒饵站,特别是根据四川特点采用毒饵筒长期控鼠技术,是项目的创新,协调了化学灭鼠与保护环境的矛盾,保障了人畜安全和避免野生鸟类中毒。具有安全、高效、经济、环保和持续控鼠的作用,除适用农村灭鼠外,也可作为城市、草原灭鼠借鉴。

4. 筛选出一批对人畜毒性较低的抗凝血杀鼠剂,为禁用剧毒鼠药,减少中毒事故提供了慢性鼠药。

5. 应用FAO培训农民的方法,提高农民素质,让农民成为专家,让农民受益,较好地解决了农村鼠害控制技术推广和传播途径问题。

6. 该项目与FAO农村贮粮和水稻IPM项目等有机结合互相促进,为搞好国际援助项目树立了好的典范。

二、四川农村鼠害控制措施

1. 搞好鼠情监测为基础

(1)建立害鼠监控体系　建立以省—县—乡三级为主的害鼠监控体系。根据该项目研究成果,结合四川农村实际,目前采用乡级查鼠害,县级测密度,逐级上报汇总,省、县两级发预报的监测体系。每个县至少设置2~3个鼠情监测点,监测点的设置,除考虑自然生态环境外,还应考虑农户密度和经济文化水平等因素。从而使鼠情监测更好地指导大面积灭鼠。

（2）采用简易实用的鼠情监测方法　鼠害调查方法采用菲律宾鼠害调查法。鼠密度调查继续采用鼠夹法，繁殖参数除考察年龄、性别、胎仔数外，根据阴道开口情况和睾丸位置来确定繁殖鼠的办法易操作、好判断，值得推广应用。

（3）及时发布鼠情预报　省、县两级在春、秋两季，要根据农村鼠密度、鼠害情况，参照繁殖参数和气象预报及天敌数量，及时发布鼠情预报，指导大面积社区灭鼠。

2.改进害鼠控制技术为重点

（1）采取农业防治措施　改善农民卫生生活习惯及物理防治的方法控制害鼠的种群数量。害鼠的种群数量与其栖息条件有很大的关系，可以通过采取农业防治措施及改善农民卫生生活习惯来破坏害鼠的栖息环境，从而达到降低害鼠种群数量的目的。

（2）推广"农户安全储粮"成果，减少害鼠食物来源　"农户安全储粮"是四川省植保站主持承担的上一个联合国粮农组织项目。

该项目推广先进的农户储粮技术,使农户的粮食得以安全贮存和使用方便,深受广大农民的欢迎。通过修建安全粮仓,可以断绝害鼠的食物来源,达到控制害鼠种群数量的目的。

(3)推广毒饵站控制害鼠技术,对害鼠进行长期控制 实验表明,毒饵站为控制害鼠的有效方法之一。建议推广使用竹筒毒饵站和抗凝血性杀鼠剂灭鼠。毒饵站放置时间1月以上,达到持续控制鼠害的目的。

(4)保护利用天敌 通过调查表明,目前四川农区的害鼠天敌数量很少,对害鼠控制作用较小。天敌数量低与人为捕杀有很大的关系。因此,应加大宣传力度,提倡保护害鼠天敌,如蛇、猫头鹰、黄鼠狼等,使其数量回升,发挥其控制鼠害的作用。

3. 农村社区灭鼠为保障

(1)加强农民培训 从调查结果可以看出,目前农民尚缺乏害鼠知识及防鼠技术。因此,要有效控制鼠害,必须对广大农民进行培训。采用举办 TOT、FTOT 及 FFS 等的方法,将鼠害防治知识与技术传授给农民,提高农民素质,让农民真正成为灭鼠专家。

(2)要以村、社等社区为单位,在县、乡技术人员指导下,通过受训农民骨干,积极组织乡村社区灭鼠,不定期举行农民社区灭鼠讨论会,让农民自己观察鼠害情况,自己分析有关农村鼠害问题,自己决策是否开展灭鼠活动和采取相应的鼠害控制措施。达到统一、高效、安全、持续控制鼠害的目的。

三、几点体会

1. 通过举办 FFS,提高农民素质是推广四川农村鼠害控制技术的有效途径。

以突出"实践第一"、"农民需要第一"和成人教育的特点为重点的农民培训方法的应用,通过参与式培训,在培训中要注意培训对象、内容、时间等的选择,有效地提高培训质量和效果。

2. 加强鼠情监测,改进控鼠技术,是控制

农村鼠害的有效措施

通过省—县—乡三级鼠情监测,掌握害鼠发生发展动态,及时发布鼠情预报,是搞好大面积控鼠的基础。同时要改进农村灭鼠方法。通过改善农民卫生生活习惯及物理防治方法,应用农户安全储粮技术,减少害鼠食物来源,达到控制害鼠种群数量的目的。要积极推广经济、安全、简便、实用、环保的毒饵站控鼠技术,采用慢性抗凝血类杀鼠剂,保护害鼠天敌等,从而达到既控制鼠害,又减少鼠药中毒,保护生态环境,提高农民健康水平,促进农村鼠害可持续控制。

3. 加强宣传、开展农村社区灭鼠,是农村鼠害持续控制的重要保障

实践证明,以农村社区为单位,以农民为主体的社区灭鼠活动应长期坚持,并加强对农村鼠害控制技术的宣传,进一步扩大四川农村鼠害控制技术的推广力度和范围,让全社会关心、支持、重视、参与鼠害控制活动,使农村鼠害得到有效地控制。

第二章 农村鼠害控制技术

第一节 概 述

老鼠是与人类关系最密切的动物之一。它虽与我们的关系密切,但却一点都不可爱。它们中的许多种类除了长相令人反感外,还干一些使人非常不愉快的事,严重影响人们的生活质量。它们危害农作物、糟蹋粮食、啃食树木、破坏草场、破坏建筑、毁坏家具。除此之外,它们还传播许多对人类健康危害很大的疾病。下面我们来看看老鼠有哪些危害。

一、对农业的危害

或许你有这样的经历,老鼠把刚播种的种子盗食干净,不得不重新播种。有时,老鼠可以使大片农作物颗粒无收。其实,在全世界范围内,老鼠对农业的危害非常严重。据估计,全世界因老鼠对农业生产造成的损失,相当于一些贫困国家的国民生产总值的总和,老鼠每年糟蹋的粮食,相当于粮食总产量的5%,可养活2~3亿人。我国20世纪80年代以来,在一些地方鼠害大发生,每年全国发生面积一般超过2 000万公顷。1987年仅农田鼠害发生面积高达3 933万公顷,损失粮食1 500万吨,超过历来被认为危害最重的蝗、螟、粘虫和小麦条锈病灾害的总和。

在四川的一些地区,鼠害也较为严重。据调查,目前四川省因鼠害农田平均每公顷的粮食损失约为320千克。在鼠害较重的地区,粮食储藏期因老鼠盗食和糟蹋的粮食在5%左右。

二、对工业的危害

老鼠的危害主要是破坏供电和交通设施,造成事故,带来巨大的经济损失。据统计,我国每年因老鼠破坏电缆造成的经济损失就达5 000万元以上。例如上海某工厂因老鼠窜入高压电闸,造成停产事故,损失1 700多万元,湖南岳阳一家工厂也因类似事故损失50多万元。1990年1月,广东东莞一家工厂因老鼠咬坏了电线导致火灾,还造成了严重的人员伤亡。

三、对牧业的危害

牧区鼠害也相当严重,据有关省区统计,草原每公顷平均有150只老鼠,每年牧草损失折合人民币30亿元以上。在有些大型养殖场,由于食物丰富,老鼠数量惊人,除了盗食饲料外,常常还咬死和吃掉幼畜和家禽。

四、对林业的危害

据黑、辽、蒙、甘等省、区统计,一般树木被害率20%～40%,死亡率可达20%以上,在受害严重的林区,幼树很难存活。

五、传播疾病

全世界1 700多种鼠中,可传播疾病的鼠类约占90%。鼠传疾病有12种细菌性疾病,如鼠疫、钩端螺旋体、沙门氏菌病、霍乱等。病毒病约30种,如流行性出血热、狂犬病等。立克次氏体病5种,如鼠型斑疹伤寒、恙虫病等。鼠传寄生虫病7种,如旋毛虫病等。老鼠传播疾病有多种途径,吸血体外寄生虫或其他媒介;通过粪、尿、唾液、或体表污染食物、饮水、用具、衣物,再传给人;咬伤引起外伤感染等。

据统计,有史以来死于鼠传疾病的人

数,远远超过直接死于历次战争人数的总和。现在,鼠传疾病在很大程度上得到了控制,但每年仍有数以万计的人患流行性出血热和钩端螺旋体等病。

除了上述危害外,老鼠对建筑物、家具的破坏以及对人们生活的骚扰可能都深有体会,这里不再列举。

第二节 害鼠的生物学特性

一、鼠类的识别

全世界约有4 000多种哺乳类动物,其中鼠类约1 700多种。我国有430多种哺乳动物,其中鼠类有150种,占总数的1/3还多。

老鼠属于啮齿类动物。啮齿类动物的特点主要反映在牙齿上。在门齿和臼齿之间没有尖尖的犬齿,而只有一个空位(见图2-1)。这与其他动物的牙齿排列

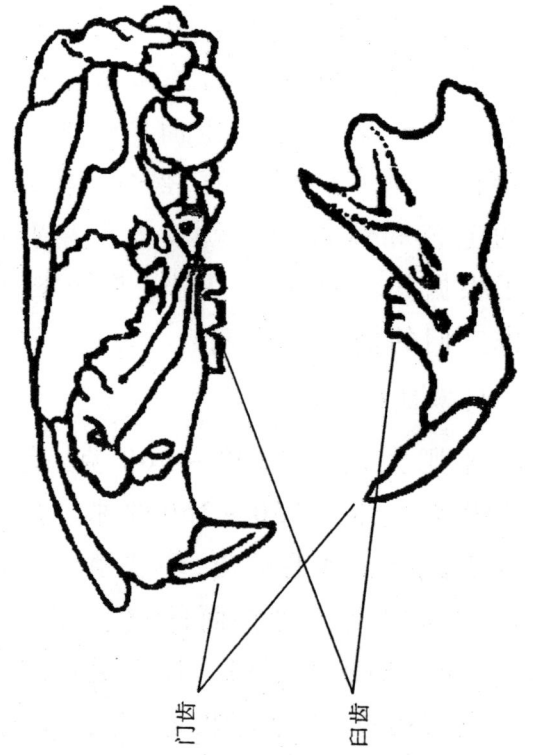

图 2-1 老鼠的头骨(示门齿与白齿之间的空位)

不同。老鼠的门齿特别坚硬,很喜欢乱啃东西,如木头、电线等。

人们通常把与老鼠相像的小型兽类,如属于食虫类动物的鼩鼱,也叫做老鼠。

下面介绍几种与我们关系密切的种类。在这里要说明的是,下面描述的一些鉴别特征不是一层不变的,例如,同一种老鼠的毛色和体重变化就较大。鉴别种类除了根据其体型特征、大小、毛色外,还要考虑它们的栖息习性等。

1. 褐家鼠(图2-2)

体躯肥大,体重300~500克,有的可达750克。体长150~250毫米。尾短于或等于体长。尾毛稀疏,环状鳞清晰可见。尾背面的颜色比腹面的颜色深。耳短而厚,向前翻遮不到眼。体被毛色多呈棕褐色或灰褐色,毛基深灰色,毛尖棕色。雌鼠通常乳头6对,生于两侧腹面。

褐家鼠是四川主要的家栖鼠之一。通常在住宅区的前后,甚至在室内打洞。

图 2-2 褐家鼠

在野外，水沟两侧、大田埂等处也是其主要的栖息场所。在城市，该鼠可栖息在绿化带、垃圾场周围及下水道等处。

2. 黄胸鼠（图2-3）

黄胸鼠比褐家鼠略小，躯体瘦长，成年鼠体重在200克左右，体长160毫米左右。尾长等于或长于体长。尾的背面和腹面的颜色差别不大。耳大而薄，向前翻

图2-3 黄胸鼠

可遮眼。体背毛棕褐色，毛基深色，毛尖棕褐或黄褐色。胸腹部中间毛色呈黄白色或暗黄色，雌鼠通常有乳头5对。另一主要鉴别特征是前爪背面有褐色斑（图2

—4)。

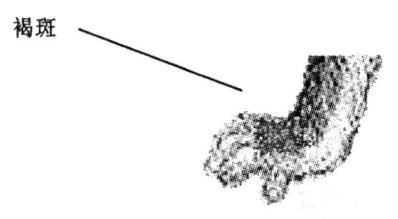

图 2-4 黄胸鼠前爪(示前爪上的褐斑)

黄胸鼠的攀援能力较强,通常在住宅区的上层栖息。在黄胸鼠密度较大的地区,也有许多个体在住宅区周围的坡坎等地打洞营巢。

3. 小家鼠(图 2-5)

小家鼠的体型较小,成年鼠的体重一般在 15 克左右。体长 70 毫米。是 3 种家栖鼠中最小的一种。体背毛呈棕灰、灰褐或暗褐色,毛基部黑色,腹面毛色有灰白与灰黄色两种类型。雌鼠有乳头 5 对。作试验用的小白鼠也是小家鼠的一种,其体重可达 50 克以上。小家鼠的上颌门齿

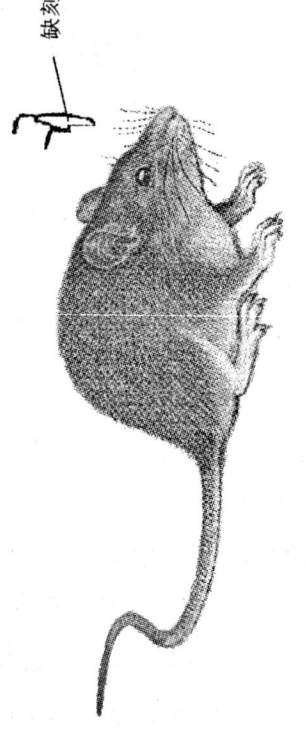

图 2-5 小家鼠(图右上为小家鼠上颌门齿,示门齿上的缺刻)

内侧有一明显缺刻,这是小家鼠的主要鉴别特征之一,可以与其他体型大小与小家鼠差不多的鼠种,如黑线姬鼠、小林姬鼠、巢鼠等区别开。

小家鼠也是四川主要家栖鼠之一,大多在室内活动。其做巢场所很多,如墙缝中、衣柜中、抽屉内等。同时,小家鼠也大量栖息在野外。

4. 黑线姬鼠(图2-6)

黑线姬鼠的体型较小,稍大于小家鼠。成年鼠的体长约90毫米左右。尾细,比体长略短,尾上鳞片裸露呈环。通常从两耳间沿脊背至尾基部有一条明显的黑线条纹,但有的条纹不太不明显。体背毛一般为棕褐色或略带棕红色,腹毛灰白色。黑线姬鼠易与小家鼠混淆,可从上颌门齿上有没有明显缺刻来与小家鼠相区别。

黑线姬鼠在我国农区广泛分布,为野栖鼠,也有一些进入室内活动。该鼠与其

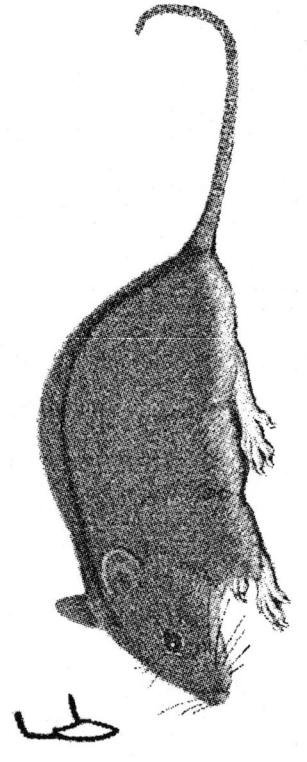

图 2-6 黑线姬鼠(图左上为黑线姬鼠上颌门齿,无缺刻)

他常见鼠类一样,传播多种疾病,但该鼠的带菌期长,危险性更大,为农村主要鼠传疾病的防疫对象之一。

5. 大足鼠(图2-7)

大足鼠属体型较大的种类,容易与褐家鼠和黄胸鼠混淆。毛色略淡,与褐家鼠相比,显得较为光滑。后脚较长,35毫米左右,尾上下一色,等于或略短于体长。尾平滑较细,似有光泽。

大足鼠也是一种野栖种类。广泛分布在川西平原农田。主要在田埂、沟边、河边及竹林内营巢。

6. 在四川分布的其他一些鼠类

以上介绍了在四川很常见的鼠类。除上述种类外,较为常见的还有几种,如巢鼠、社鼠、鼠兔和一些种类的田鼠等。这些种类大多分布在林区、草甸或海拔较高的地区。这里不一一介绍,有兴趣的读者可以阅读有关动物学的书籍。

图 2-7 大足鼠

7.四川短尾鼩(图2-8)

其实,四川短尾鼩属于食虫目小兽,它与啮齿类动物的最大区别是牙齿没有犬齿虚位,牙齿的数量较多。四川短尾鼩的毛色瓦灰,四脚短,尾短于后足。有臭味,通常称为臭耗子、药耗子。该种动物在川西平原农田中的数量较大。因为该动物也取食种子和传播疾病,有的学者将其列入害兽。

二、繁殖特性

鼠类的繁殖力非常强大。除分布在高寒地区的鼠种外,大多数鼠种都能全年繁殖。主要繁殖期一般在4~10月,大多鼠种一年有两个繁殖高峰,分别出现在春秋季。在繁殖高峰季节,雌鼠的怀孕率通常在50%以上。表2-1列出了一些主要鼠种的繁殖特征。老鼠的怀孕期一般在20天左右。幼鼠出生后半月就可以自由生活。2~3个月就达到了性成熟,可参

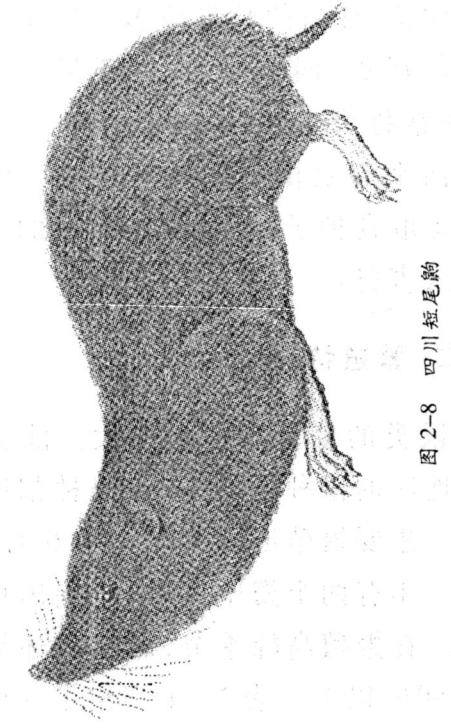

图 2-8 四川短尾鼩

加繁殖。有兴趣的读者可以用稻谷来做个"摆谷游戏"：假设从一对老鼠开始，交配后20天小鼠出生，平均每胎生6个幼鼠，出生的幼鼠中有一半的是雌鼠。幼鼠经80天后性成熟参与繁殖。再假设，该种老鼠平均每年繁殖6胎（即每2个月一胎）。这样大鼠生小鼠，小鼠长大后又生小鼠，我们可以看到，一年下来，数量十分惊人。要指出的是，老鼠的繁殖能力虽强，但其实际繁殖数量不可能达到这种程度，这是因为，很多因素都影响着老鼠的存活率。许多老鼠在尚未达到繁殖年龄时就死亡了。但是在某些情况下，如天敌减少、食物丰富、栖息条件好时，老鼠强大的繁殖潜力就可以得到充分发挥，在很短的时间内，其数量可以大幅度增长，甚至暴发成灾。这方面的例子不少。

三、数量变动与数量预测

鼠类的数量变动情况较为复杂。每

表2-1 一些主要鼠种的繁殖特性

鼠 种	性成熟(天)	年产胎数	平均每胎产仔数	最高产仔数
褐家鼠	60~70	6~8	7~10	18
黄胸鼠	80~90	3~4	5~6	11
小家鼠	30~45	8~10	6~9	15
黑线姬鼠	130	3~5	5~7	12
大足鼠	—	—	5~7	—

一种鼠都有其自身的特点。影响其数量变动的因素很多,如鼠类的繁殖潜力(包括种群的年龄结构、性比、雌鼠年繁殖胎数、幼鼠性成熟时间、每胎产仔数等)、鼠类的栖息地条件、食物因素、人类活动、气候及天敌因素等等。尽管影响鼠类数量变动的因素相当复杂,科学家们已经对一些主要鼠种,如褐家鼠、黑线姬鼠、大足鼠等的数量变动作了较为详细的研究,掌握了其数量变动规律,甚至可以对它们在3个月至半年后的种群数量作较为准确的预测。这里仅简单介绍了鼠类数量变动的一般情况,要深入了解各鼠种的种群数量变动情况及其预测方法,可以阅读有关鼠类种群生态学方面的研究文章及有关书籍。

上面在介绍鼠类的繁殖特性时提到,分布在四川盆地的大多数鼠种一年有两个繁殖高峰。一般来说,鼠类的种群数量在繁殖季节有所上升,时间上稍滞后。第一个数量高峰通常发生在5~6月,第二个高峰在10~11月。在此之后,期种群数量有所下降,直到下一年开始繁殖前夕。在有的地区,冬季因野外缺乏食物,有的鼠种迁入房舍区,集中在房舍区危害,致使房舍区的数量较高。

准确预测害鼠的种群数量,调查工作量大,技术性强,计算非常复杂,要作好这些工作则非常困难。另一方面,由于我国幅员广大,生态环境复杂,在某地做出的预测模型也有其局限性。因此,害鼠监测和预报方法的推广受到很大的限制。其实,在防治上,把害鼠的种群数量预测得十分准确是没有必要的。我们仅对害鼠发生趋势做出大致推断就可以了。有兴趣的读者可以向县植保部门进行咨询。

四、鼠类的行为

1. 栖息习性

上面在介绍主要鼠种的时候简要介绍了每个鼠种的栖息习性,这里对主要害鼠的生活习性作进一步说明。

褐家鼠、黄胸鼠和小家鼠是3种家栖鼠,与人的关系密切,主要栖息在住宅区。仓库、厨房、卧室、杂物堆和柴草堆都是它们的栖息场所。但每种鼠都有其自身的栖息特性。褐家鼠喜欢在阴暗潮湿的场所栖息。爱在畜圈、鸡舍、垃圾堆等地活动觅食,在这些地方的附近打洞栖息的数量较多。在野外,主要在水渠两侧,大田埂两侧打洞。褐家鼠打洞的能力较强,其洞穴结构复杂,洞道长,分支多,巢深可达1米以上,洞口一般2~4个。洞外常有大量挖出的松土。

黄胸鼠的攀援能力很强,大多在房屋上部的天花板上、瓦隙、墙缝等处做窝。

在黄胸鼠为优势种的一些地区,在野外可发现大量的鼠洞。笔者曾在云南省黄胸鼠危害区作过调查,该地的农舍附近通常有1米高的土堆,土堆上种有剑麻,在这种土堆上可发现大量黄胸鼠洞。黄胸鼠的鼠洞也可在大田埂上或农田附近坡坎上的灌木丛中发现。

小家鼠的个体较小,善钻缝隙,楼房各层都可栖息。墙缝、橱柜、抽屉和杂物堆等地都可做巢。在野外小家鼠喜欢在田埂、沟边等杂草丛生的地方栖息。洞口较难发现。

黑线姬鼠和大足鼠是两种野栖鼠,在四川农区广泛分布。黑线姬鼠喜栖住在向阳、潮湿的田埂、沟边和草坡中,其洞道简单,洞口通常在草丛中,而且洞口较小,不易发现。大足鼠栖息的环境较为多样,通常在田埂、沟边、河边、竹林和灌木坡中营巢。

3种家栖鼠还有在农田与房舍区之间

迁移的习性。当农田中缺乏食物时,他们可以迁入房舍区,集中在房舍区取食危害。当农田中食物条件丰富时,它们又可迁移到农田危害农作物。这种迁移可以使它们的存活率提高,从而使种群数量保持在较高的水平。

2. 活动习性

老鼠多数生性狡猾,嗅觉和听觉灵敏。为其自身的安全,老鼠活动场所和行走路线较为固定。我们经常可发现在某个场所有大量的鼠粪,也可发现经害鼠反复践踏而形成的"鼠路"就是这个道理。多数鼠类的活动都是昼伏夜出,通常在黄昏和黎明前有两个活动最为频繁的时期。小家鼠在白天活动的时间比其他两种家栖鼠要多一些。

老鼠活动范围的大小与食物条件有关,食物缺乏时,它们可以到离洞穴100多米远的地方觅食。有人对褐家鼠的活动范围进行过研究,在缺乏食物时,褐家鼠在一夜的活动距离可达千米以上。

根据食物条件的改变,老鼠的主要活动场所也相应改变。在野外,食物丰富时,大多数鼠类会集中在农田危害。当野外缺乏食物时,3种家鼠中的一部分可迁入房舍,即便是黑线姬鼠和大足鼠有时也可进入室内活动。在播种期,害鼠可集中在秧田危害。害鼠还可以随着作物的不同成熟期在田间进行小范围的迁移活动。先成熟或迟成熟的作物或田块往往受害较重。

老鼠都有天生的游泳本领。一般的小河沟阻挡不了它们。有人观察到褐家鼠和大足鼠在水中捞食小鱼小虾。有的老鼠还是天生的游泳能手。如分布在洞庭湖的东方田鼠在洪水季节就可以游上几百米从湖滩迁入农田。

3. 取食行为

老鼠为了生存和繁衍,必然要适应自然环境,在长期的进化过程中,无论是在形态、生理和行为上,其特性都与自然环境相适应。现以家栖鼠取食为例来说明老鼠在行为上是怎样适应环境的。

与其他动物一样,老鼠必须每天取食才能生存,怎样辨别食物是否可以取食,老鼠就有一套独特的本领。一般来说,如果老鼠找到的食物是日常取食的食物,这时老鼠毫不犹豫地大胆取食。但是,如果食物的气味有所变化,或是从未见到过的食物,这时老鼠则不会大量取食,而只是取食一点点,即便是在饥饿时也是如此。取食后要等几个小时,如果没有感到不舒服,便开始大量取食。但是,如果取食后很快感到不适,则将永远拒食这种食物或带有这种气味的食物。这个现象又称"个体学习"过程。也是鼠类"新物回避"的一个现象。

或许我们认为老鼠"聪明",其实不然,老鼠的这种习性只不过在长期进化过程中形态的一种本能。科学家做过一个实验,在老鼠正常的食物中加入少量的可可粉或桂皮粉,使食物的气味与正常气味有所不同,然后让老鼠取食,等老鼠少量取食后不久就给其注射进使之感到痛苦的化学药品,使老鼠痛苦不堪。从痛苦中恢复后的老鼠从此不再取食带有可可粉或桂皮粉的食物。另一方面,即便食物有毒,只有在取食几个小时后毒性才发作,老鼠也不会产生拒食现象。因此,如果我们在毒鼠的过程中使用的是急性药,老鼠的这种本能可能使取食量不足而达不到致死量。

那么,是否老鼠对每一种食物的取食都要经过一个学习过程呢?不是。老鼠在取食方面还有一个"社会学习"过程。如上所述,在正常的食物中加入可可粉或桂皮粉后,老鼠首先要尝试性地取食。但是,如果先让老鼠熟悉可可粉或桂皮粉的气味以后是否还有一个尝试过程呢。下面的这个实验能很好地说明这个过程。

在给老鼠饲喂加入可可粉的食物之前在老鼠笼中放入粘满可可粉的棉花,让老鼠熟悉可可粉的气味,甚至直接将可可粉涂到老鼠的嘴边。但当老鼠接触到带可可粉的食物时还是有一个"尝试"过程。不过,如果让从未取食过可可粉的老鼠与刚取食过可可粉的老鼠接触(老鼠相互接触时常常有嘴对嘴互嗅的现象),20分钟后再让未取食过可可粉的老鼠接触带可可粉的食物,这时老鼠则没有"尝试"的过程,而是直接大量取食。这个试验说明,老鼠可从同类那里学习到取食经验,称为"社会学习"。这也是一个适应自然的一个本能。个体学习可以使老鼠减少取食到有毒食物而致命的机会,社会学习可使老鼠减少取食学习的时间和对精力的消耗。

个体学习现象在家栖鼠中较为普遍,社会学习现象虽然也普遍,但其特点因鼠种而异,一般来说,取食信息从雄性传给雌性,从成年传给幼年,从地位较高的传给地位较低的较为容易。相识鼠与同一家族内的鼠之间传递较为容易。

我们在选择毒饵时必须注意到老鼠的这种取食本能,选择慢性杀鼠剂。

第三节 鼠情监测与预报

鼠情监测对于指导害鼠的防治有重要作用。一般来说,鼠情监测由县乡技术人员负责。下面介绍鼠情监测的一般方法。

一、鼠害调查

水稻田鼠害调查一般采用较为简单的"菲律宾法",方法如下:

在当地不同生态类型区选择有代表性村社为调查点,然后随机选择一块田,在该田块中均匀选择10行水稻(如该田有100行水稻,及每隔10行选择1行水稻），在选定的行中等距离选择10窝水稻，观察记载每窝水稻被害株和未被害株数。然后将100窝的观察数据（10行×10窝）汇集起来计算被害率：

$$被害株率 = \frac{被害窝数 \times 被害株数}{被害窝中未被害株数 + 被害株数}$$

其他作物可根据病虫害调查方法计算出相应的被害率。此外，对于鼠害的监测还可在作物关键生育期，结合田间抽样调查和访问群众，调查主要作物的受害情况、农户鼠害情况以及鼠传疾病等情况。

二、害鼠数量监测

害鼠数量监测主要采用鼠夹法进行。各地可根据当地的生态环境，作物布局选择有代表性的村社作为监测点。监测工作需由技术人员负责。监测方法如下：

1. 害鼠密度调查

（1）农田鼠密度

采用大号鼠夹捕鼠，诱饵采用生花生

米或生葵花籽。于每月上旬(5~10日)调查一次。布夹方法:一般以1公顷(15亩)面积作为一个调查样方,每个样方内放夹50个,夹距一般为10米,特殊地形可适当调整夹距,但必须保证样方内有50个鼠夹。置夹时间根据地形,沿田埂、土坎、渠道、沟边、路旁及荒地等作一线置夹。放夹时间一般选择晴朗天气,晚放晨收。

样方及布夹总数:在作物布局比较单一或环境差异较小的地区,每月调查3个样方,布夹总数为150夹日(夜);在作物布局较复杂或环境差异较大的地区,每月调查的样方数应适当增加到4~6个(布夹总数为200~300个)。每个样方进行一日(夜)观察,不得重复日(夜)数计算(即总放夹数=总夹日数)。

为缩小调查结果与实际发生密度的误差,每月调查时应尽量避免在同一样方内重复布夹。对已捕打过鼠的夹子,再使用时要用清水洗净后晾干。

近年来四川短尾鼩在四川省数量剧增,田间危害程度日益突出,已将其定性为农田害兽。为摸清该鼩在四川省的分布、危害情况,指导大面积灭杀工作,2001年将其列入监测对象之列,各监测点亦认真收集有关数据资料。

(2)农舍鼠密度

对农舍鼠密度监测可与农田鼠密度监测同期进行。每次调查时可根据生态类型区选择2~3个村,每个村农户不少于50户,每户置夹2个,可分别置放在仓房和畜圈等处。记录一日(夜)捕获率。

2. 数据处理与分析

将捕获的鼠类回收,进行种类鉴定,并计算捕获率,同时进行年龄、性别及性成熟鉴定,计算年龄组成、雌性比例;解剖成年雌鼠,求出雌鼠怀孕率及平均胎仔数等。将结果记入相应的表格。在上述调查结果基础上,各地可结合气候因子、天敌因子、作物布局、栽培管理水平以及防治情况等进行综合分析,对关键季节(如春、秋季)的鼠害发生程度进行大致预测并将结果及时上报有关单位。各地鼠害发生程度级别可参考下表划分:

附:计算公式及表格

$$总捕获率 = \frac{捕鼠总数}{有效布夹总数} \times 100\%$$

$$分捕率 = \frac{某一鼠种捕获率}{有效布夹总数} \times 100\%$$

$$雌性比例 = \frac{雌鼠数}{捕鼠总数} \times 100\%$$

$$怀孕率 = \frac{怀孕的雌鼠数}{解剖的成年雌鼠数} \times 100\%$$

$$平均胎仔数率 = \frac{总胎仔数}{怀孕鼠数} \times 100\%$$

$$雄鼠睾丸下位率 = \frac{睾丸下位雄鼠数}{雄鼠总数} \times 100\%$$

三、鼠情预报

建立省—县—乡三级为主的毒鼠监

鼠害发生程度与等级	鼠密度指标(捕获率%)	作物产量损失率指标(%)
1. 轻发生	<3	<0.5
2. 中偏轻发生	3.1~5	0.5~1
3. 中等发生	5.1~10	1.1~3
4. 中偏重发生	10.1~15	3.1~5
5. 重(大)发生	>15	>5

表 2-2 农田鼠害调查月报表

表 2-2A 捕获率及鼠种构成比例统计表

市（地、州）　　　县（市、区）　　　年　月　日　　　调查人：

调查环境	有效夹数（个）	总捕获率（%）	捕获鼠种分捕率（%）			
			>1/2	2/1~1/2	1/8~1/4	<1/8	
干旱灌丛草甸						
水浇地						
梯田旱地						
村庄						
林地草甸及灌丛（地）						
合计						

表2-2B 农田害鼠年龄结构及繁殖性状调查表

解剖记录人：

鼠种名称	解剖鼠数	年龄组成比例(%)					雌鼠比例(%)	雌鼠繁殖状况		雄鼠睾丸下位率(%)
		幼体	亚成体	成体Ⅰ	成体Ⅱ	老体		怀孕率(%)	平均胎仔数	

表 2-2C 害鼠发生调查表

主要受害作物种类	生育期	受害株率（%）	损失率（%）	发生面积（公顷）	农田鼠害发生概述

表2-3 农户鼠情监测报表

表2-3A 鼠密度及鼠害发生情况调查表

时间： 年 月 日：地点： 调查人：

调查户数	放夹总数	总捕获率%	捕获鼠种分捕率(%)		
鼠害发生概述					

表2-3B 农舍鼠种年龄结构及繁殖性状调查表

解剖记录人：

鼠种名称	解剖鼠数	年龄组成比例(%)				雌鼠比例(%)	雌鼠繁殖状况		雄鼠睾丸下位率(%)
		幼体	亚成体	成体Ⅰ	成体Ⅱ	老体		怀孕率(%)	平均胎仔数	

测体系,目前采用乡级查鼠害,县级测密度,逐级上报汇总,省县两级发预报的监测体系。每个县至少设置2~3个鼠情监测点,监测点的设置,除考虑自然生态环境外,还应考虑农户密度和经济文化水平等因素。为了更好地指导大面积灭鼠,鼠情预报应结合当地实际,在春、秋两季采取多种形式发布。

第四节 鼠害的防治

尽管害鼠在与人长期周旋的过程中形成了一套对付人类的办法,使防治难度加大。然而,魔高一尺道高一丈,我们人类对付老鼠的手段还是比老鼠与人类周旋的本领高得多。只要我们齐心协力,采取综合防治措施,老鼠的危害是完全能够控制的。下面介绍控制鼠害和防制鼠害的一些方法。

一、营造一个舒适的居住环境

据我们调查,老鼠与脏乱差的环境有密切的关系。我们知道 3 种家鼠与人的关系密切,房舍区是它们栖息、活动和繁殖的主要场所之一。这是因为在人类居住的环境中,老鼠可以找到做窝的场所和其赖以生存的食物。因此,只要我们减少老鼠的居住环境,减少它们的食物来源就可以减少其数量,从而减轻其危害。要使老鼠的数量减少,我们必须营造一个整洁舒适的生活环境,提高我们的生活质量。老鼠的数量减少,我们的生活质量进一步提高。

因房舍区的环境不适于老鼠的生存和繁殖,当农田缺乏食物时,3 种家栖鼠在房舍区也得不到生存和繁殖的机会,从而使整个种群数量减少。

1. **做到卫生整洁**

养成良好的卫生习惯,不乱丢生活垃

圾,减少害鼠的食物来源。同时要做到室内外整洁,破坏害鼠的栖息场所。

2. 修建能防鼠的粮仓

修建能防鼠的粮仓可以减少害鼠的食物来源。下面介绍几种能防鼠、隔热、防潮,又便于通风散气,便于熏蒸处理、粮食进出方便、造价低的粮仓。

Ⅰ型:内空长200厘米,宽100厘米。容积4立方米。仓底距地面30厘米,仓库和仓顶均由钢筋或粗铁丝的水泥预制板拼接,预制板宽度在50厘米以内,底板厚度约8厘米,顶底厚度6厘米,仓门分为内门和外门,内门由可装取的木板拼接,外门为铰链固定的整门,其表面用铁皮包住,并在四周钉上自行车内胎,以保仓的气密效果。

Ⅱ型:内空长250厘米,宽100厘米,高180 厘米,容积4.5立方米,离地高度30厘米,仓内四壁和仓底、仓顶、仓门的设计同Ⅰ型。仓门用铰链安装。不同的是仓的出口设在正面或侧面,圆筒形,由铁皮制作,略向外下方倾斜,便于出粮,出口直径 25 厘米,长 10 厘米,另外加一同直径而缘宽为 5 厘米的封盖。

III 型:为 I、II 型的组合型。内空总长 300 厘米,宽 100 厘米,高 200 厘米与 150 厘米的各一半,两者中间有砖墙隔开;前者容积 3 立方米,后者容积 2.25 立方米,合计 5.25 立方米。高的半间仓,其入口、出口均为同一仓门,设计同 I 型;低的半间仓,其入口、出口设计同 II 型。

有兴趣的读者可以阅读有关农户安全贮粮方面的书籍。

3. 改良建筑

建筑房屋时,地基、墙壁、地面都应注意防鼠。地基应打 1 米深,墙基应高 0.5 米以上;地面要砸实,有条件的可用砖或水泥铺垫,门框、窗框应坚实平滑。有天花板的房间,可在室内沿墙安装 0.33 米的截鼠板(图 2-9)。门窗、气窗和各种管道,常是鼠窜入的通道。为了防鼠、门、窗与框的空隙应小于 1 厘米宽;房门口安装门槛并贴紧。进入室内的电线要用套管,气窗和下水道要安装孔眼小于1厘米的铁丝网(见图2-10至图2-14)。

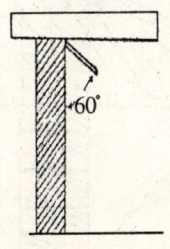

图2-9 截鼠板示意图

二、保护害鼠的天敌

老鼠的猖獗危害与其天敌数量减少有关。能捕食害鼠的肉食性鸟兽,就是鼠类的天敌。鸟类中有老鹰、猫头鹰等猛禽;兽类中有黄鼬(黄鼠狼)、香鼬(香鼠)等鼬科动物,还有灵猫、狐狸等,爬行类中许多种蛇也是捕鼠能手。一只猫头鹰5个月时间能捕食野鼠315只,占它的总食量90%,一年就可保护粮食1000多千克。老鹰食量更大,一只成年鹰从5月到9

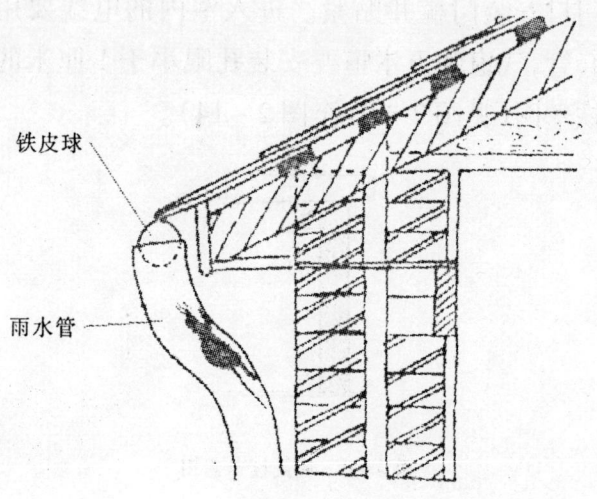

图 2-10 雨水落管上端加铁皮圆球防止鼠类进入建筑物

月 140 多天就可吃 500 多只野鼠。黄鼠狼能钻洞捕鼠,鼠类在它的食物总量中占 80%,一年捕鼠量在 2000 只以上,它还吃蝗虫、地老虎幼虫、棉铃虫等。黄鼠狼偷鸡是个别现象。科研部门曾解剖过 4 539 只黄鼠狼的胃,查明只有 2 只吃了鸡,5 只吃了仔兔。关严鸡舍、兔舍应可解决这个问题。

蛇的种类很多,食性也不同。有人分析了

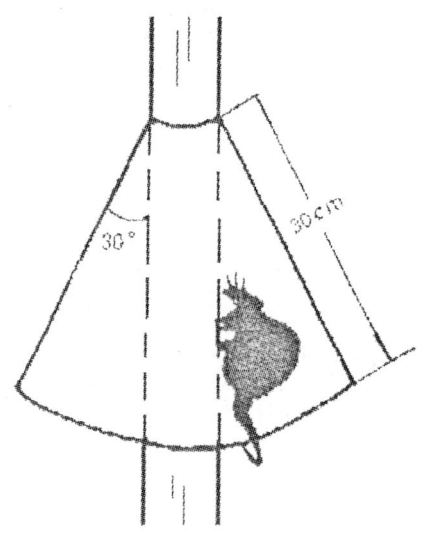

图 2-11 雨水落管上的挡鼠板

江南产的 50 多种蛇,确定多数水生、半水生的无毒蛇(主要是游蛇属的各种水蛇)以吃鱼、蛙为主,不吃鼠,对农业有害;毒蛇几乎都吃鼠。这两类蛇在农业区不宜保护。然而,在无毒蛇中,黑眉锦蛇、滑鼠蛇、锦蛇、火赤链蛇、紫灰锦蛇、双斑锦蛇、玉斑锦蛇等,都是捕鼠健将,对这些益蛇理应大力保护。尤其是黑眉锦蛇,喜住在人房里,以鼠、雀为食,决不咬人,实在是

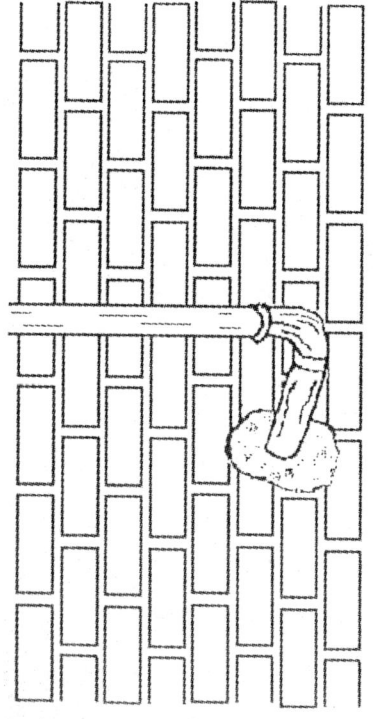

图 2-12 管道周围混凝土抹平

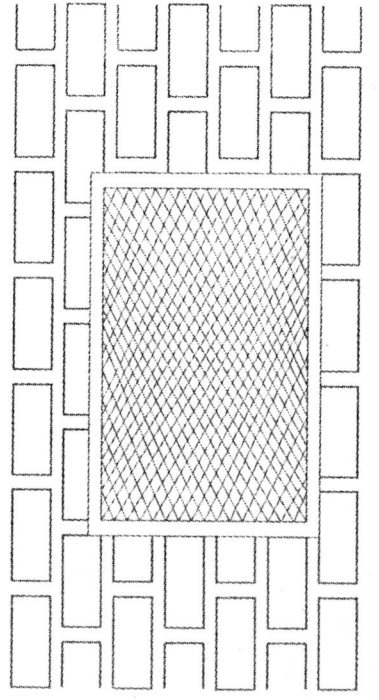

图 2-13 通风口处用铁丝网封闭

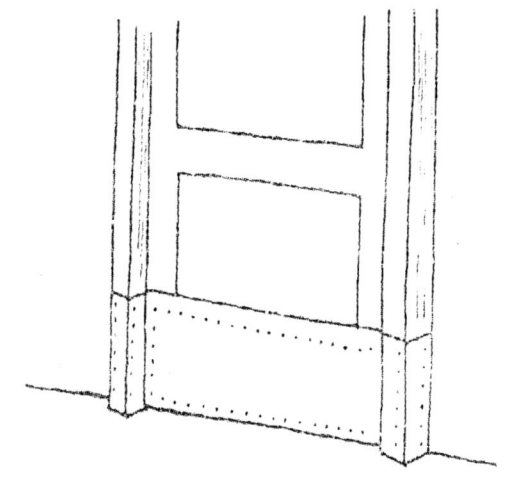

图 2-14　门框下钉 30 厘米的铁皮

有益无害。我国有些地区的群众自古以来就有保护蛇的习惯，很值得提倡。

蛇、黄鼠狼、狐狸和各种猛禽，本来在自然界有力地控制着害鼠。可是，砍伐森林，破坏了它们的隐蔽场所；乱捕滥购，使它们惨遭虐杀，这些人类益友在广大农村已濒临绝迹。我们应当改变我们的习惯和偏见，与害鼠的天敌交朋友，保护它们，使它们的数量恢复和发展。

三、结合农事活动,采取积极的防鼠措施

农田防鼠可以结合农田水利基本建设,平整土地,尽量减少田埂和田间荒墩;结合田间管理,经常修整沟渠、田坎,尽量使之平整,使鼠难以隐藏、栖息;铲除田边杂草和灌木丛,收割期间快收快打,颗粒还家,尽可能不在田间堆放禾秆。这些措施对农业生产本身是有利的,在防治鼠害上亦有重要作用,应认真作好。

在选择品种时要注意其播种期和收获期要尽量与当时的主导品种一致,这样,害鼠就没有播种一块危害一块,成熟一块糟踏一块的机会。许多作物同时播种,成熟后同时收获,这样,给害鼠提供食物的时期较短,有利于压低其种群数量。

四、捕杀灭鼠

捕杀法可以采用器械,即我们通常所采用的夹、压、扣、粘、陷、翻等方法。它们的优点是简单、取材方便、制造容易、成本低。下面介绍

几种方法。以下介绍的方法有一定的危险性,要特别注意安全,特别是要防范对儿童可能造成的伤害。对捕获的老鼠要及时处死掩埋,不能让儿童玩耍老鼠。

1. 鼠夹

鼠夹是最普遍的一种捕鼠工具,有板夹(图2-15)、铁丝夹(图2-16)和弓型夹(图2

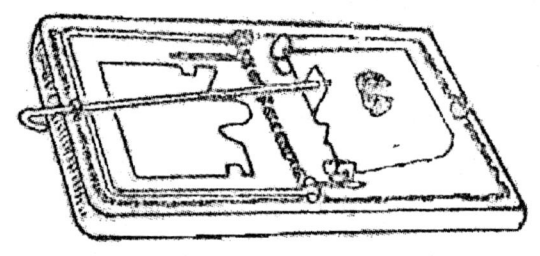

图2-15 鼠夹

-17)等多种类型和型号。鼠夹应放在鼠洞口、鼠路上和老鼠经常活动的地方。大家对鼠夹的使用已经非常熟悉,这里不详细介绍。但要指出的是人们往往根据自己的喜好为标准,把诱饵炒香,以为老鼠更易取食。其实不然。老鼠除了在很多方面与人类的习性有很大的

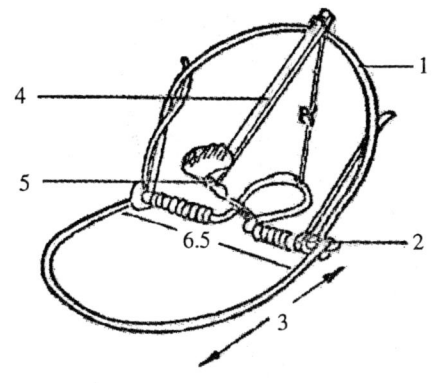

图 2-16 铁丝夹

1. 压环 2. 弹簧 3. 9.5厘米 4. 别棍 5. 诱饵卡

差别外,在食性方面也有很大的差别。一般,我们只需使用生葵花籽或生花生米就可以了。

2. 捕鼠笼

一般的捕鼠笼在市场上可以买到(图2-19),它是用铁丝编织而成。长约30厘米,高12厘米,宽15厘米。市售捕鼠笼的使用非常简单,这里不作详细介绍。使用时须挂上诱饵。

笔者曾在一个养猪场用倒须笼捕鼠,取得了较好的效果。下面作简单的介绍,有兴趣的

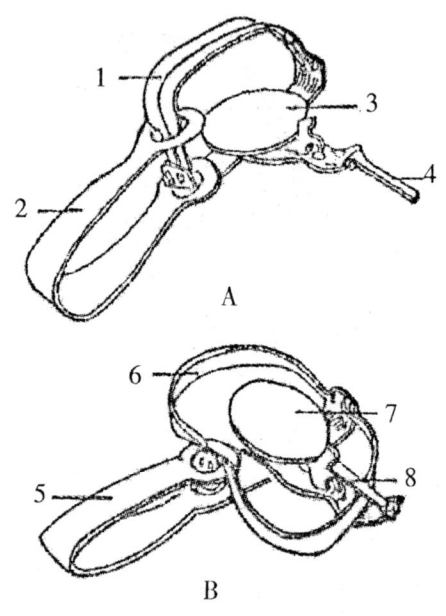

图 2-17 弓形夹

A. 未支 B. 支起 1.6. 弓形环

2.5. 把柄 3.7. 踏板 4.8. 小别棍

读者不妨一试。倒须笼可以用铁丝网自制，尺寸可以自己决定，一般长为 45 厘米以上，宽和高在 25 厘米左右。在笼子的一侧做一个 6 厘米左右的圆形开口，开口离笼子底部约 3 厘米。从开口向内做成倒须（图 2-20）。倒须

· 94 ·

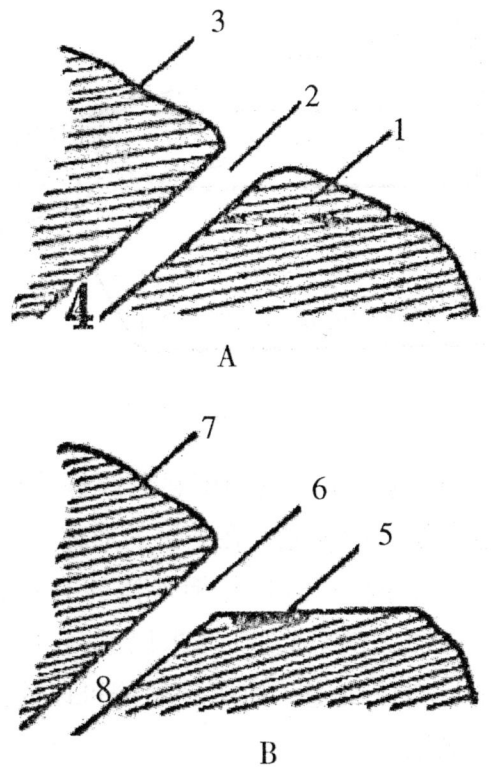

图 2-18 弓形夹的布放方法

A. 铲土前洞口形状　B. 铲土后置夹位置

部分　2.6. 洞口　3.7. 地面　4.8. 鼠洞　5. 弓形夹

用细钢丝制成。使用倒须笼时不一定非要使用诱饵不可,但必须将倒须笼放置在老鼠的通

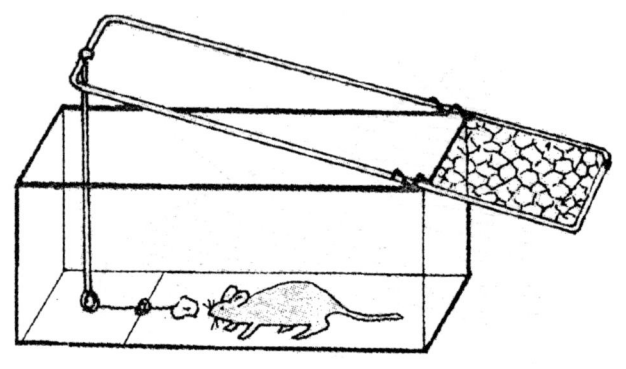

图 2-19 捕鼠笼

道上,并在倒须笼两侧用塑料薄膜做成围栏,防止老鼠绕过倒须笼。在老鼠的通道上,在塑料薄膜下端做一开口,与倒须笼的开口相结(图 2-21)。围栏高 50 厘米以上,长度可以根据地形自己决定。使用倒须笼可以连续捕获多个老鼠。

与鼠夹相比,使用捕鼠笼捕鼠较为安全。但携带不方便,使用起来也较为繁琐。

3. 粘鼠板

粘鼠法主要用于捕捉家鼠,尤其是体形较小的老鼠。粘鼠板可以在市场上买到。使用

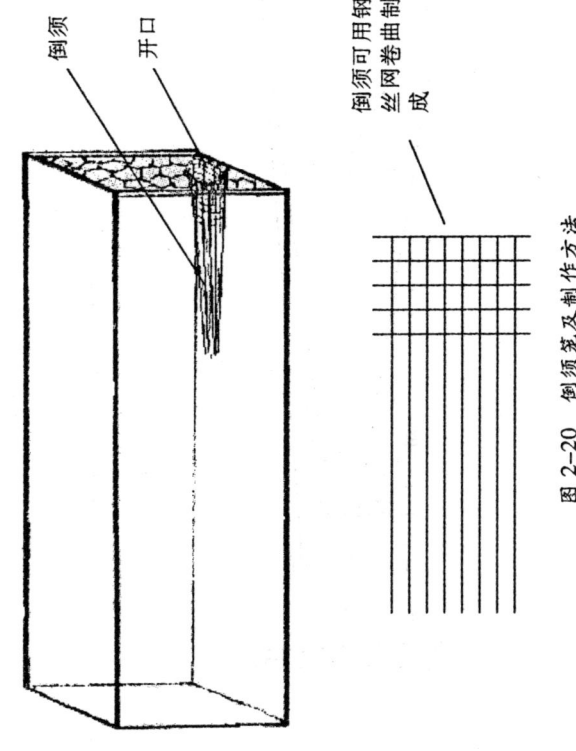

图 2-20 倒须笼及制作方法

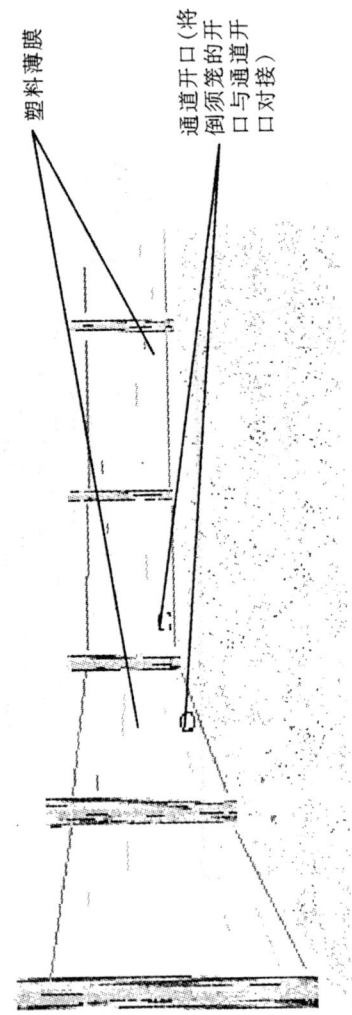

图 2-21 倒须笼的使用方法

时将粘鼠板放在老鼠的通道和它们经常活动的地方,并在粘鼠板的中央放上诱饵。使用粘鼠板捕鼠,虽然较安全,但成本较高。

粘鼠板也可以用粘鼠胶涂在硬纸板或木板上自制。粘鼠胶制作非常简单,用1份松香与1份蓖麻油(或桐油)混合后加热熬成胶状物即可。然后将粘胶涂在硬纸板或木板上。纸板或木板的尺寸可以自己根据情况决定,一般为一本书大小为宜。涂的厚度以0.2厘米左右。当鼠接触到粘鼠胶时,便可粘住。被粘的老鼠通常会发出叫声,不必理会,其他老鼠仍会前来。

4. 挑竿

取弹力较好的竹条或柳条,插在鼠洞附近,把细头弯到鼠洞另一侧,成弓形,并用石块把细头轻轻挡住。再用尼龙绳结成圈套,套眼对准鼠洞,圈套的另一侧拴在柳条上。鼠通过时即可勒住,如鼠挣扎,柳条弹起,将鼠吊起。(图2-22)。

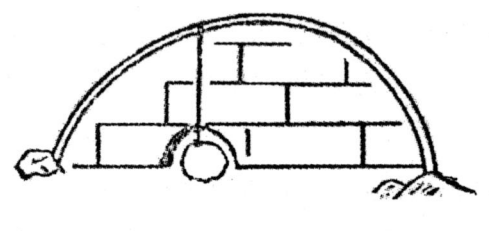

图 2-22 挑竿

5. 圈套

圈套法(图 2-23)用于室内捕鼠,以细铜丝做成活套,口径约 3.5~4 厘米,把它固定在壁基,沿墙基每隔 1 米放圈套一个,鼠出洞时,利用它习惯于沿着墙基走的特点,让鼠进入活套内,一挣扎即被套住,且越套越紧。圈套法

图 2-23 圈套法捕鼠

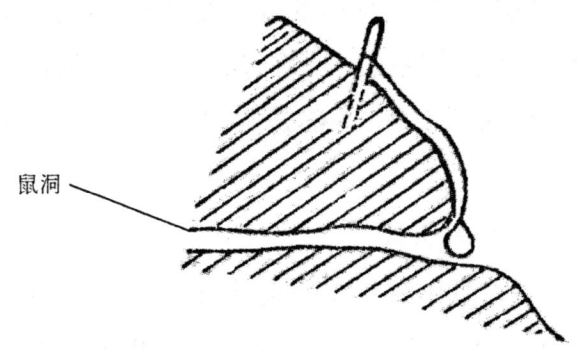

鼠洞

图 2-24 圈套捕鼠法在野外的使用

也可以在以外使用(图 2-24)。

6. 竹弓

竹弓又称竹剪(图 2-25),可以用竹子自行制作。使用时插放在鼠路上,老鼠穿过竹弓孔,触动消息签,竹剪的上股打落而把鼠夹死。

7. 暗箭

暗箭也可自行制作(图2-26、图2-27)。在较厚的木板下方开一口,在板的背面用橡皮或竹弓固定住一根粗铁丝做的箭。箭的上端用绳系一小木棍。木板正面,在下口的下缘装一个能上下活动的横别棍,并在下口的左上方装一铁钉。捕鼠时将下口对准鼠洞,将箭向上拉,再将小木棍拉到板的前面别好。老鼠出洞时踏动横别棍,小木棍弹起,箭射下可穿入鼠体。

8. 水缸淹鼠

在水缸中盛2/3的水,再在水面上撒满谷糠,然后再放入一个小木板,在木板上放上诱饵,再用木板搭桥,在桥上放一些食物,引诱老鼠跳入水缸(图2-28)。

9. 压鼠和扣鼠法

压鼠和扣鼠的方法有很多。压鼠是利用

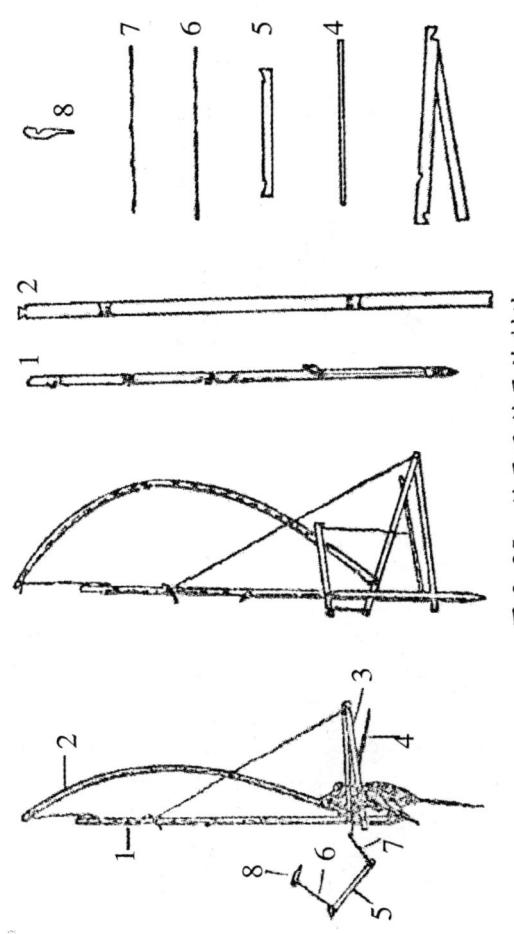

图 2-25 竹弓及竹弓的制法

1.竹棍(75厘米) 2.剪弓(80厘米) 3.竹剪(上22厘米,下1.5厘米) 4.消息签(20厘米) 5.担杆(13厘米) 6.绳(6~7厘米) 7.绳(9~10厘米) 8.挑签

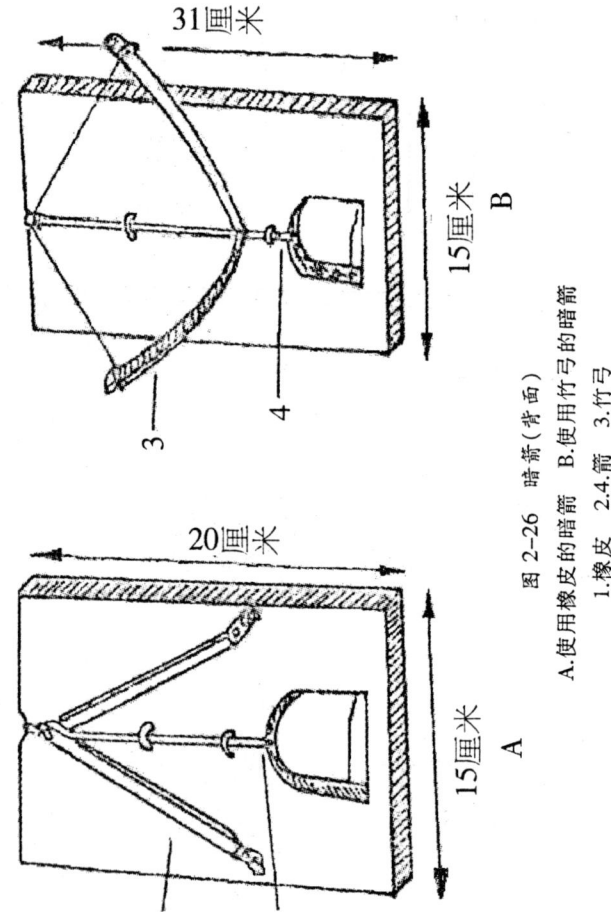

图 2-26 暗箭（背面）
A.使用橡皮的暗箭 B.使用竹弓的暗箭
1.橡皮 2.4.箭 3.竹弓

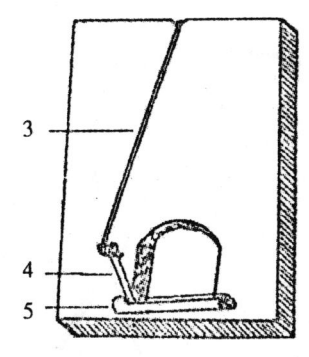

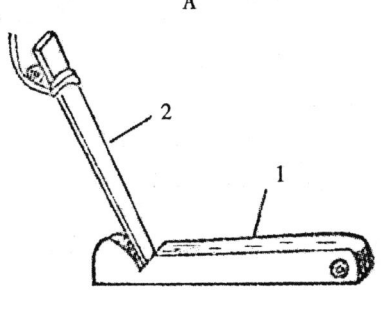

图 2-27 暗箭(背面)和别棍的用法

A. 暗箭背面观 B. 别棍用法

1.5. 横别棍 2.4. 小木棍 3. 拉暗箭的细绳

石头、木板等重物将老鼠压死,在室内外均可使用。扣鼠是利用碗、盆、抽屉等捕鼠,如农村广泛应用的大碗捕鼠法。压鼠和扣鼠都能就

图 2-28 水缸淹鼠

地取材,方法简单,操作容易。图 2-29 至图 2-33 介绍了几种方法,读者可以举一反三,自行设计。

10. 电猫捕鼠

电猫利用 1 500 伏左右的高压电把老鼠打晕或打死。在食品厂、大厨房、粮库和养殖场等地使用较为合适。鼠触电时,电子猫的警铃或信号灯立即发出信号,值班人员见到信号,要立即关掉电源,处理被打晕的老鼠。

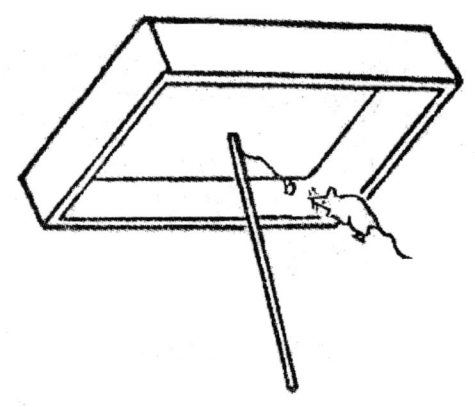

图2-29 竹筷抽屉扣鼠

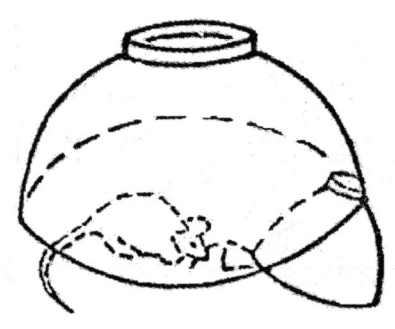

图2-30 大碗扣鼠

使用电猫前一定要仔细阅读产品说明书，严格按照说明书的方法布线和捕鼠，严防触

图2-31　压鼠(1)

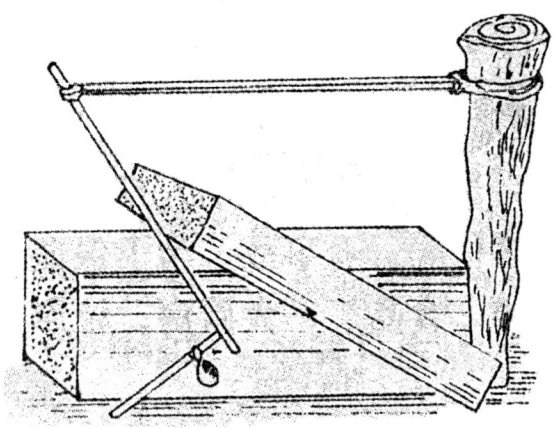

图2-32　压鼠(2)

电。家庭不宜使用电猫。

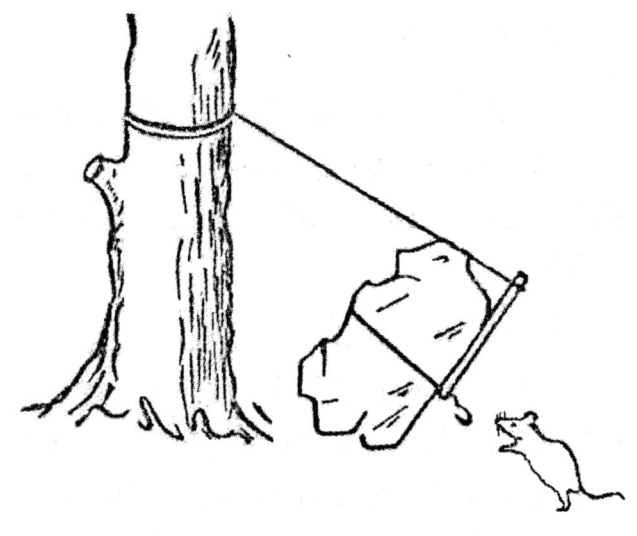

图 2-33　压鼠(3)

11. 翻草垛法

有一些种类的老鼠,特别是黑线姬鼠和小家鼠在秋冬季多集中栖息在草垛中,我们可以利用这个特点翻草垛捕杀老鼠。翻草地时要多人合作,由一人翻,其他人用木棒、扫把等物扑杀逃出的老鼠。

五、药物灭鼠

除上述灭鼠方法外,目前使用最广泛的灭鼠方法是化学灭鼠法,即使用杀鼠剂灭鼠。下面介绍选择杀鼠剂的原则、常用杀鼠剂及其使用方法。

1. 杀鼠剂选择原则

选择杀鼠剂是非常重要的。上面我们介绍过,害鼠在长期进化过程中形成了一套生存的本能,在取食习性方面也是如此。如果我们选择杀鼠剂不当,达到不应有的效果。下面这些问题在选择杀鼠剂时需要特别注意:

(1)适口性　适口性就是老鼠喜不喜欢吃,这是前提,有的杀鼠剂具有很强的毒力,但是很容易引起老鼠拒食,这样的药剂当然达不到灭鼠效果。

(2)作用时间　杀鼠剂的种类很多,从作用速度上,一般可分为急性杀鼠剂和慢性杀鼠剂两大类,急性杀鼠剂,如毒鼠强、氟乙酰胺、氟乙酸钠和磷化锌等。这些杀鼠剂的作用时间虽然很快,但是灭鼠效果并不很好,这是因为害鼠的取食习性所决定的。在前面已经介绍过,老鼠的嗅觉非常灵敏,它遇到食物中有从未没有吃过的味道,往往仅取食少量的食物,取食后等一段时间看看是否有不适的感觉,如果经过一段时间,没有不适的感觉后这才开始大量取食,但是如果在取食后很快感到不舒服,这时老鼠将终身不取食带有这个味道的食物。急性杀鼠剂的作用时间快,毒性很强,用于灭鼠有一定的效果,但总体效果不理想。另一方面,急性杀鼠剂安全性差,很容易造成人、畜及其他动物误食中毒,猫狗吃了死老鼠也会中毒,即二次中毒现象,对环境也有不利的影响。国家对毒鼠强、氟乙酰胺、氟乙酸钠等急性药剂已明令禁止使用。慢性杀鼠剂(又称抗凝血杀鼠剂)是一类新型杀鼠剂,其特点是不容易引起老鼠拒食,二次中毒的危险性相对较低,虽然灭鼠作用速度较慢(一般5～7天见效),但灭鼠效果非常好,控制鼠害的时间长,是目前使用得最多的杀鼠剂。

（3）安全性　上面我们提到过"急性"和"慢性"杀鼠剂。急性杀鼠剂的毒性很强，除杀鼠效果不理想外，还不安全，家禽、家畜甚至人误食后是非常危险的，往往很难抢救。选择使用慢性杀鼠剂，不但灭鼠效果好，而且也较安全。但须注意的是，这里并不是说使用慢性杀鼠剂就是绝对安全的，慢性杀鼠剂毕尽是毒药，如果使用不当，仍然会造成人畜中毒。下面着重介绍怎样正确使用慢性杀鼠剂。

2. 几种常用杀鼠剂

杀鼠剂的种类很多，下面介绍适合农村灭鼠的常用杀鼠剂。目前杀鼠效果最好的是抗凝血类杀鼠剂，也就是我们通常所说的"慢性灭鼠药"。这类杀鼠剂都是通过破坏老鼠的凝血功能，使之在取食后造成皮下、内脏和外伤出血不止而死亡，从而达到毒杀的作用。抗凝血杀鼠剂一般分第一代抗凝血杀鼠剂和第二代抗凝血杀鼠剂。第一代抗凝血和第二代抗凝血杀鼠剂也有不同的特点，在使用上也要采用不同的方法。

第一代抗凝血杀鼠剂

第一代杀鼠剂常用的有敌鼠钠盐、杀鼠迷、杀鼠灵等。这类杀鼠剂的特点是慢性毒力比急性毒力强,或者说,连续多次使用比单次使用的效果好。因此,使用这类杀鼠剂时,一定要连续投放毒饵3~5天,才能达到应有的效果,如果仅投放一次毒饵,或投入两次后间断一天再投放毒饵,其灭鼠效果不会理想。第一代抗凝血剂对禽类较为安全。下面介绍几种第一代抗凝血杀鼠剂。

敌鼠钠盐 纯品为淡黄色粉末。可溶于酒精、丙酮,在沸水中溶解度较高。使用药浓为0.05%~0.1%之间。需要连续投入毒饵3~4天。该药对小家鼠的毒力较低。

杀鼠灵 该品为白色结晶粉末。工业品略带粉红色,使用浓度一般在0.025~0.05%之间,需连续投放毒饵3~4天。该药对小家鼠的效果不是太理想。

氯敌鼠 产品黄色状结晶,易溶于酒精、丙酮、油脂等有机溶剂,使用药度在0.005%~

0.025%之间,需连续投入毒饵3~4天。

杀鼠迷 纯品呈黄色结晶粉末,溶于丙酮和酒精,使用浓度在0.037%~0.05%,需连续投药3~4天。

第二代抗凝血杀鼠剂

第二代抗凝血杀鼠剂与第一代抗凝血杀鼠剂的最大区别之一是连续投放多次毒饵的毒力与仅投放一次的毒力相当,而且毒力较强。因此,不必向第一代抗凝血杀鼠剂那样需要连续投放毒饵,单次使用也能起到很好的作用。因此,在毒饵投放上通常采用"间隔投饵法",即在第一次投放毒饵后等15天左右再投放一次,可以消灭大部分害鼠。以后还要进一步介绍投毒方法。

第二代抗凝血剂的缺点是毒性较强,安全性相对较差,使用时要严格按照产品说明书进行操作和使用,严防人畜中毒。下面介绍几种常见的第二代抗凝血杀鼠剂。

溴敌隆 纯品为白色结晶粉末,溶于酒精等有机溶剂。市售的剂型较多,有0.5%和0.

05%的母粉,也有0.5%的母液。按纯品计算,使用浓度通常为0.005%。该药对各种老鼠的毒杀效果都较为理想。采用"间隔投饵法"投放毒饵的效果更好。

大隆 产品黄白色结晶粉末。溶于酒精等有机溶剂。使用浓度通常在0.005%左右。该药对害鼠的毒杀效果较为理想。与溴敌隆一样,该药属于第二代抗凝血杀鼠剂。因此,在投药时采用"间隔投饵法",效果非常理想。

3. 杀鼠剂的抗药性问题

抗凝血杀鼠剂的杀鼠机制是抑制凝血,使害鼠因伤流血不止或内脏出血而死,但是在数量众多的害鼠群体中有少部分对某一种的杀鼠剂的敏感性不强,或者说这种杀鼠剂不能杀死对其不敏感的害鼠,因此,如果长期使用某种杀鼠剂,不敏感的个体数量会逐渐增加,最后这种杀鼠剂就会失去作用,或杀效果很不理想。笔者曾在某养殖场使用某一种第一代杀鼠剂灭鼠,其灭鼠效果不足20%,后来才了解到该养殖场连续使用该杀鼠剂6年,而且因效果不理想,该养殖场近一年来每月都投放同一种杀鼠剂。在改用另一种第一代抗凝血杀鼠剂后,灭鼠效果则达95%以上。因此,如果在某种药物连续使用多年后发现效果不理想时,应该考虑更换其他杀鼠剂。多种杀鼠剂交替使用可用防止抗性鼠的产生。

4. 毒饵的配制与使用

(1)饵料的选择 饵料可因地制宜,选择害鼠喜食的谷物为饵料,如大米、小麦、稻谷等。有的人选择红苕和水果作为饵料,在一定的场合可以使用,但缺点是不耐贮存。一定要选择上好的谷物作为饵料,发霉变质的饵料不会被老鼠取食。

(2)饵料的配制浓度 在介绍杀鼠剂的时候已经介绍了各种杀鼠剂的使用浓度,是指毒饵中杀鼠剂的有效成分与毒饵的比例。由于杀鼠剂的剂型较多,每种剂型的有效浓度都不相同,在计算时要特别注意。一定要根据杀鼠剂的说明书进行配制。举例来说,现在你已购得0.5%溴敌隆母液,如果要配制50千克的溴敌隆大米毒饵需 0.5% 的溴敌隆母液多少呢？溴敌隆使用浓度为 0.005%，因此 50 千克毒饵中的有效成分为：

0.005% × 50 千克 = 0.0025 千克

或者说其有效成分为 2.5 克。而现在所使用的溴敌隆母液的浓度为 0.5%，那么需要多少 0.5% 溴敌隆母液才能使有效成分达到 2.5 克？可以通过下式计算：

所需母液量 = 有效成分量 ÷ 母液浓度

在计算时，母液浓度需转换成小数，即：

所需母液量 = 2.5 克 ÷ 0.005 = 500 克

也就是说，需要 500 克母液有效成分才能达到 2.5 克。

(3) 毒饵的配制

一般来说，鼠对慢性杀鼠剂的适口性很好，配制毒饵时不需要添加任何"引诱成分"，只需按照杀鼠剂的使用浓度与饵料混合后就可以了。下面介绍配制的方法。

浸泡法 如果你采用的杀鼠剂是原粉，而且该药又可溶于酒精,可以先使用酒精把药粉完全溶解,然后加入清水混合均匀,再将混合均匀的药水与饵料混合,充分搅拌,待药水被饵料吸干后,晾干即可。例如,如果使用敌鼠钠原粉,可以使用了 2~4 份酒精将原粉溶解,然后将溶解了的药液加入饵料重量 1/8 左右的清水(如配制 50 千克的毒饵,其清水量为 4 千克),将其混合。然后与饵料混合搅拌,每 1~2 小时搅拌一次,数小时后药水可被吸干,吸干后可以取出晾干。采用浸泡法要使用容器,不能在地上直接进行操作,否则杀鼠剂的有效成分会丢失,影响灭鼠效果。由于敌鼠钠可以溶于 90℃ 以上的热水,也可以使用饵料重量 1/8 左右的沸水直接将药粉溶解后与饵料混合。

粘附法 油溶性杀鼠剂,如杀鼠迷和氯敌鼠等,可以使用此方法。可以使用饵料重 3% 的食油将药粉充分混合。然后再与饵料充分搅拌即可。

以上是两种常用的配制方法,但由于杀鼠

剂的剂型很多,每种杀鼠剂的理化性质不同,因此,配制毒饵最好是在得到农业局植保站专业技术人员的指导后进行。

(4)配制毒饵时的注意事项

毒饵配制有两种形式:一种是县以上专业单位确定的毒饵加工点(车间),用机器搅拌、烘干和分装,需要存放一段时间;一种是乡村农科站确定的毒饵配制点,随配随用。无论那种形式,其特点都是毒药集中,人员来往接触毒药机会多,稍不注意,便有可能发生中毒。因此,必须加强预防措施。

1)配制人员,由灭鼠专业队的责任心强、技术熟练的人承担,戴上口罩和手套,用工具配制毒饵。至少要有两人在场,互相照顾。

2)认真按规定的配方和按操作规程配制,剂量要准确,不得随意增减。

3)须在离家畜、家禽和水源较远的地方配制,非灭鼠专业队员不得入内,谢绝参观。

4)毒饵现用现配,用多少配多少。

5)毒饵配制点要配备杀鼠剂的对应解毒

药,例如:配制氯鼠酮毒饵时要备有维生素 K_1。

6)在配制毒饵过程中,操作人员不要吸咽,吃东西,也不要用手擦嘴、揉眼,防止中毒。

7)毒饵上须加警戒色:毒饵配制好后,还应取出 3%～5% 的毒饵加入红墨水,将其染红,晾干后再与毒饵混合。这样可以防治误食。

8)毒饵配制结束后,要检查卷起的袖口、裤腿和衣袋里是否有毒饵落入,鞋底花纹里是否嵌入毒饵,必须彻底消除干净;操作人员须洗手洗脸,更换衣服,然后离开现场。

(5)毒饵的投放

投放毒饵似乎较为简单,因为通常认为将毒饵放在害鼠经常活动的地方即可,这没有错,不过还有一些讲究。

投放位置 目前农村投放毒饵大多采用散投,投放时要特别注意将毒饵投入到害鼠活动的地方,在农田中可沿田埂投放,每 5～7 步投放一堆。要特别注意对鼠路和鼠洞的投放。在投放鼠洞时要注意鉴别是活鼠洞还是废弃鼠洞。废弃鼠洞的洞口有草或有蜘蛛网,洞口没有经常被跑动的痕迹。在房舍区,要将毒饵投放到老鼠经常活动的地方,如畜圈、厨房、仓房和后屋檐等处。

投放量及投放方法 投放量要视害鼠数量而定,一般来说,每公顷投入 2.5~4.5 千克左右。如果是使用第一代抗凝血杀鼠剂需注意连续投放 3~4 次才能达到较为理想的效果,因此,必须将毒饵分 3~4 天投放下去。如果是使用第二代抗凝血杀鼠剂可投放一次,或在第一次投放后间隔半月再投放一次,这样灭鼠效果更好。投放时要做到"小堆多放",每堆毒饵的量要少,约 5 克左右,放的堆数可多一些。在害鼠密度很高的地方,如养殖场及养殖场附近的农田等地方应相应加大投放量。在房舍区可在每个房间投放 1~3 堆,在猪圈的投放堆数可多一些,要注意将毒饵投放到房前屋后害鼠栖息场所。

(6)毒水法灭鼠

在养殖场的饲料仓库内,可以采用毒饵法

的同时辅以毒水法灭鼠,往往灭鼠效果更佳。毒水的配制非常简单,可根据各种杀鼠剂的使用浓度用清水配制成相应浓度的毒水。如果杀鼠剂的剂型不是水剂的不能溶于水,可先用有机溶剂(如酒精)将其溶解后再对入清水。毒水可倒入小溶器,放置在害鼠活动的地方。投放毒水要晚放早收,不要污染饲料。

5. 毒饵站灭鼠法

毒饵站灭鼠是非常有效的放法,特别适用于害鼠的长期控制。毒饵站的制作简单,因毒饵投放在毒饵站之中,可以防止其他动物取食,安全性好。同时毒饵站可以防潮防雨,可以较长期保存毒饵,而不致发霉变质。毒饵站的种类很多,下面介绍两种效果好、制作方便的毒饵站。

(1)竹筒毒饵站　用口径为 5~6 厘米的竹子制成,在房舍区,竹筒毒饵站的长度可在 30 厘米左右,在农田的毒饵站在 45 厘米左右(不算用来遮雨的突出部分),见图 2-34。

在室内放置毒饵站时,可将毒饵站直接放

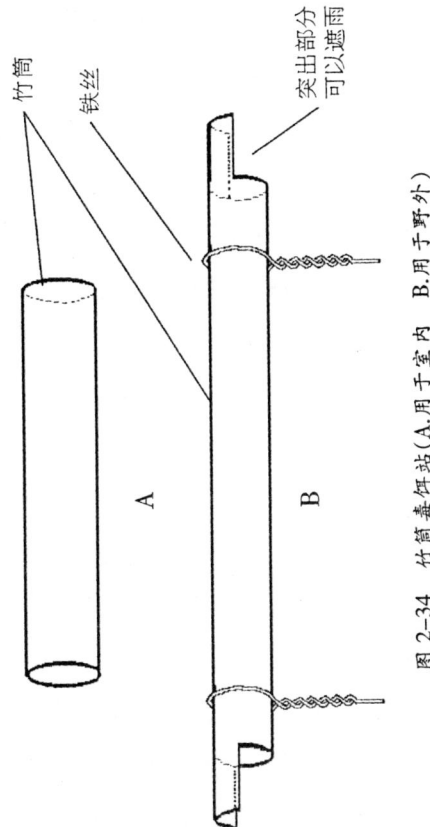

图 2-34 竹筒毒饵站（A.用于室内 B.用于野外）

置在地面,用小石块稍作固定即可。在野外使用时,应将铁丝插入地下,地面与竹筒应留3厘米左右的距离,以免雨水灌入(图2-35)。

(2)花钵毒饵站 可将口径为20厘米左右陶瓷花钵的上端边缘敲开一个缺口,缺口口径在5~6厘米之间,翻过来后扣在地面即可(图2-36)。花钵毒饵站适用于房舍区灭鼠。

(3)毒饵站的放置位置与投饵方法 大量实验表明,使用毒饵站灭家栖鼠每户仅需2个,一个放在猪圈内,一个放在后屋檐下。这两处是害鼠活动较为频繁的地方。只要持续投放毒饵,一段时间后,害鼠的数量将会下降很多,如果在杀灭鼠后一段时间又有害鼠活动,可再投放毒饵,这样可以基本上消除家栖鼠的危害。在农田,一般每公顷可放置15个毒饵站就可以了。在农田应将毒饵站沿田埂放置,在毒饵站中放置毒饵的量可根据害鼠的数量而定,一般放置20~25克毒饵,投放毒饵的次数与上述投药方法一样,即第一代杀鼠剂应连续投放3~4次,第二代杀鼠剂投饵后半

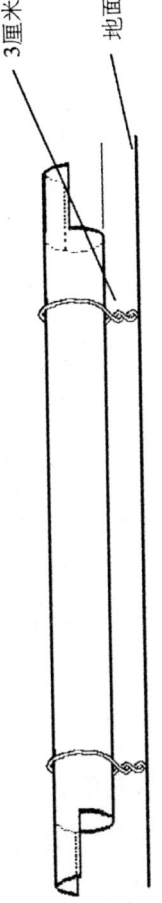

图 2-35 竹筒毒饵站在放置示意图

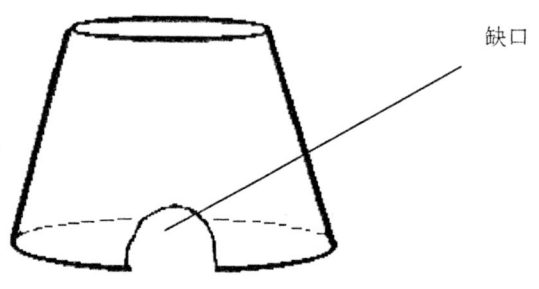

图 2-36 花钵毒饵站

月再投放一次。由于毒饵站的数量与散投毒饵的投放堆数相比要少一些,因此在投药期间注意检查毒饵的取食情况,如果毒饵的消耗很大,应适当增加投放次数。如果害鼠的数量特别多,可在使用毒饵站前采用散投法,将害鼠的数量压低后再使用毒饵站对害鼠进行长期控制。

6. 毒饵灭鼠的组织

为了较为彻底地灭鼠,一般采用大面积统一毒杀。各地通常根据当地的耕作制度、鼠种情况、害鼠数量及其种群动态,统一组织灭鼠,一般采取春秋两季灭鼠。实践证明大面积统一灭鼠是行之有效的方法之一。然而,由于近年的持续灭鼠及广大农民主动灭鼠,在许多地方害鼠数量已有所降低,因此,根据这个情况,在这些地方可根据具体情况调整灭鼠措施。除因地制宜采用上述一些非化学防鼠和灭鼠方法外,在一些地方可采用"社区"灭鼠方式,由自然村或相对较为集中的居住区的农户根据害鼠的发生情况自发组织灭鼠。各农户也可常年对家栖鼠进行毒杀,这样也可将害鼠的数量控制在较低的水平。

(1)鼠害监测

鼠害监测通常由乡、县农技部门进行。县乡农技部门将根据害鼠的发生情况发布有关监测结果,各村社可根据有关监测结果进行灭鼠活动。

(2)时机选择

灭鼠的目的保粮防病,提高生活质量。因此,对家栖鼠来说在任何时候都可进行灭鼠,但对于消灭农田害鼠则需要选择一定的时机。选择时机可根据害鼠的种群数量及消长情况监测和耕作制度等情况决定。这项工作通常也由县、乡农村部门进行。在鼠传疫情流行和多发区,有关卫生防疫部门也根据鼠传疾病发生和流行的特点制定出防治时机,各村社可参照有关预报进行灭鼠。这里仅简单介绍农田灭鼠时机的一般情况:一是每年3月,这时的主要目的是保苗,压低害鼠种群数量;二是在10月。

7. 杀鼠剂灭鼠的安全注意事项

上面已经介绍了在配制毒饵和使用过程中安全性问题,在毒饵使用过程中,还须做到以下几点。

1)野外投入毒饵的地区,应标明禁止放牧范围,设立警示标志。特别是农田和牧场灭鼠时,要订出合理的禁止放牧期,要求大家管好禽畜,切勿进入投毒区。居民区室内灭鼠时,也应要求每家每户管好禽畜,设立警示标志。

2)投放毒饵时要按照规定用量,不要徒手接触毒饵。施药后剩余的毒饵要集中保管或处理,不能私留,以免因保存不当,被小孩误食而中毒。

3）做好灭鼠后的处理工作。剩余的鼠药和毒饵应送回保管。不再用的毒饵应回收，连同收集的鼠尸一起烧毁或深埋；配制和保管毒药的地方和运输毒药的车辆都要认真打扫干净，含毒垃圾也要深埋。不可随便倾倒。装过鼠药的箱、袋、瓶要用碱水彻底洗净，不可再装粮食或饲料，不用的毁掉或深埋。

4）严禁食用中毒致死的禽畜。有人以为多煮一些时间，或只吃肉不吃内脏，或只吃肉不喝汤就不会中毒，都是错误的。在投毒期间出现的死因不明的家、野禽畜都不可吃。本地未灭鼠但临近地区已灭鼠也应同样对待。

如果万一毒饵被人误食，一定要立即到医院看医生。

附：一些杀鼠剂中毒后的常见症状及参考解毒药物

中毒后急救的原则是及时将中毒者送往医院治疗。下面仅简单介绍有关中毒症状和解毒药物，供参考。这里要指出的是，下面所提到的一些急性杀鼠剂是国家明令禁止生产和使用的，然而，市场上仍有非法出售，所以，这里一并介绍。

1. **抗凝血杀鼠剂**

经口摄入后，一般潜伏期为数日，患者开始出现背痛、腹痛、恶心、呕吐，并逐渐发生鼻血、齿龈出血、面色苍白、关节周围出血，大、小便带血等症状。严重者，可致失血性贫血或失血性休克。

参考解毒药:维生素 K_1。

2. 氟乙酸钠(氯醋酸钠、1080)

口服或污染皮肤中毒的潜伏期0.5~6小时。经口中毒可出恶心、呕吐和上腹痛,呕吐物可带有血丝。神经系统症状:面部麻木,鼻及四肢刺痛;精神恍惚,意识逐渐模糊;出现癫痫样强直性痉挛和窒息,反复发作;进而发生昏迷和中枢性呼吸衰竭而危及生命。心血管症状:患者血压下降、发绀、心力衰竭;心律紊乱,出现室性早搏,房性或室性颤动;心电图除心律失常表现外,尚有心肌损害改变,甚至出现心跳骤停。呼吸系统症状:呼吸道分泌物增多,呼吸困难,严重时出现肺水肿表现。

参考解毒药:乙酰胺(解氟灵)。

3. 氟乙酰胺(敌蚜胺、氟素儿)

潜伏期:一般为10~15小时,严重中毒者可在1小时左右发病。潜状期内患者无明显不适和反应。轻度中毒:头晕、头痛、乏力、肢体和面部股肉小抽动;窦性心动过速;口渴、恶心、呕吐、上腹部烧灼感;体温降低等。中度中毒:进一步出现下列之一,或几个症状、体征。烦躁不安,间隙性痉挛,膝反射亢进,血压下降,呼吸道分泌物增多,伴有血性呕吐物,呼吸困难等。重度中毒:在以上基础上出现昏迷、阵发性强直性痉挛和病理反射;心律紊乱,心力衰竭,出现严重心肌损害的表现,如心室纤维颤动;肠麻痹,大小便失禁;呼吸衰竭等。按临床出现的主要症状,又可将中毒分为神经型和心脏型。神经型以反复发作性痉挛为主,来势凶猛,反复发作,常导致呼吸衰竭而死亡。心脏型以体温降低为先兆,血中柠檬酸值、血酮、血氟含量升高,血糖降低。以心血管功能异常和心脏器质性损害的临床表现为主,如血压下降、发绀、心力衰竭、心律失常、房屋或室性颤动等。

参考解毒药:乙酰胺(解氟灵)。

4. 鼠甘氟(甘伏、甘氟、Gliftor)

动物进食后一般有 3 小时的潜伏期,出现中毒症状后 3~24 小时死亡。鼠类的中毒表现,主要为神经系统症状,出现阵发性抽搐、痉挛、角弓反张,肺部和心脏有不同程度的淤血。这些变化与氟乙酸钠和氟乙酰胺中毒相类似。

尚未见有人体中毒的报告。

参考解毒药:乙酰胺(解氟灵)。

5. 没鼠命(四二四)

剧毒杀鼠剂,中毒后兴奋、跳动、偶尔鸣叫,随后出现阵发性或持续性痉挛,四肢强直,然后死亡。致死时间3分钟至3天。

参考解毒药:巴比妥类药物能抵抗其毒作用,可推迟死亡时间,降低死亡率。

6. 磷化锌

口渴、恶心、呕吐、上腹痛、腹泻,并有发热、畏寒、头晕、兴奋等全身症状。严重者有胸部压迫感、呼吸困难、心律紊乱、后颈部疼痛、恐惧、瞳孔散大、痉挛、晕厥、休克及昏迷等,有时可见黄疸及无尿。通常在出现窒息和严重的呼吸、循环障碍之后7~60小时死亡。

参考急救方法:催吐、洗胃、导泻。

7. 毒鼠磷

中毒症状与有机磷农药相似。潜伏期一

般为1~4小时。多有恶心、呕吐、腹泻等类似急性胃肠炎症状,患者面色苍白、四肢麻木、口唇发绀。并出现烟碱样症状和毒蕈碱样症状。以烟碱症状较为突出。表现为全身肌肉震颤、抽搐、瞳孔缩小、气急、大量出汗,严重者可见眼睑下垂、呼吸困难,常可突然发生死亡。若治疗不当,病情反复较大。

参考解毒药物:阿托品等。

第三章 农村社区鼠害控制

第一节 农民情况调查

一、调查的目的

(1)希望通过调查,了解当地影响开展农村社区灭鼠的主要因素是什么。

(2)掌握农民对农村社区灭鼠的要求、认识和态度。

(3)为开展农村社区灭鼠效益评估积累基础资料,了解培训效果,寻找进一步改进农村社区灭鼠的方法和途径。

二、调查的内容

（1）农业生产基本情况：如耕作制度、土壤类型、灌溉情况、品种类型、鼠害发生防治状况、农作物产量水平等……

（2）农户的经济水平和认识：如文化水平、年龄、性别、收益、对鼠害及鼠传疫病的认识程度、灭鼠决策过程等。

（3）其他：如当地灭鼠新技术的传播途径、广播、电视、报纸入户率、鼠药供应环节如何、农民怎样开展灭鼠等。

三、调查的方法

（1）调查方法：在培训前、后的鼠害发生危害季节进行。按照统一的表格进行调查。调查的形式有小组讨论、个别访问、实地观察，以个别访问为主，实地观察相结合。

（2）调查方式：可以叫当地干部带去，说明目的，去的时间要适当，在他休息或农闲时，消除农户心理上的障碍，尽量融洽，对他敏感的问题,可以间接获得。

(3)调查表格。调查表格的格式和内容要统一要求,以便进行统一计算分析。下面是一个农民问卷调查表,供参考。

农民问卷调查表

调查地点　　　　　　调查时间
户名　　　年龄　　　性别　　　文化
家庭人口　　　耕地　　　房舍(间)

1. 老鼠是否能对农作物(庄嫁)造成危害?
 (1)能　　　　　　(2)不能
2. 老鼠会影响你的正常生活吗?
 (1)会　　　　　　(2)不会
3. 你认为老鼠会传播疾病吗?
 (1)会　　　　　　(2)不会
4. 老鼠会传播什么样的疾病?
 (1)流行性出血热;
 (2)钩体病(打谷黄);
 (3)肺病
5. 你知道如何灭鼠吗?

(1) 知道 (2) 不知道
6. 你认为哪些措施防治老鼠?
 (1) 鼠夹和鼠笼 (2) 投毒饵毒杀
 (3) 养猫抓鼠
 (4) 保护蛇、猫头鹰等控鼠
 (5) 其他
7. 你认为用什么样的鼠药灭鼠最好?
 (1) 急性杀鼠剂
 (2) 慢性杀鼠剂
 (3) 弄不清楚
8. 你是否知道鼠药的使用剂量和浓度?
 (1) 知道
 (2) 不知道
9. 你购买鼠药吗?
 (1) 买
 (2) 不买
10. 你会配制灭鼠毒饵吗?
 (1) 会
 (2) 不会
11. 你认为老鼠造成多大的粮食损失?

(1) 很少

(2) 10%左右

(3) 不知道

12. 你为什么要灭鼠?

    (1) 老鼠危害庄稼

    (2) 老鼠咬坏衣物、家具等

    (3) 老鼠影响健康

    (4) 老鼠影响正常生活

    (5) 老鼠咬伤家禽

13. 你是怎样学会防治老鼠的?

    (1) 看报纸

    (2) 看电视

    (3) 听广播

    (4) 政府组织

    (5) 看邻居

    (6) 培训后

14. 你经常使用什么样的鼠药?

    (1) 急性

    (2) 慢性

    (3) 其他

15. 你到什么地方去买鼠药？

    (1) 农技站

    (2) 个体农药站

    (3) 自由市场(赶集)

16. 你怎样使用毒饵？

    (1) 直接投放

    (2) 投放毒饵仓

17. 你将毒饵投放到什么地方？

    (1) 野外田埂上

    (2) 鼠田中

    (3) 家中

18. 你是怎样处理死老鼠的？

    (1) 埋掉

    (2) 乱丢

    (3) 不管

19. 你投毒后是否设置警示标志？

    (1) 设置

    (2) 不设置

20. 你认为分户灭鼠好还是大家灭鼠好？

    (1) 分户

(2)大家一起

第二节　农民培训方法

一、为什么要培训农民

农民是农村社区灭鼠的实施者和主体。然而多数农民尚缺乏社区灭鼠意识和科学灭鼠方法。他们获取鼠害控制技术的来源主要有以下几个方面:(1)目睹农田和房舍遭受鼠害的景况;(2)听广播、看电视宣传灭鼠知道和发布的鼠情预报;(3)通过学习有关灭鼠的技术资料;(4)看见别人开展灭鼠活动或听别人说怎样灭鼠。农民关心的是自己的农田和农舍,要在鼠害严重时才会引起他们的重视。多数农民采取的是化学药物灭鼠,有鼠就投毒,乱投毒饵的现象普遍,对鼠害和鼠传疫疾病以及科学灭鼠了解甚少。因此,要对农民进行培训,提高他们的科学文化素质,使他们会识别害鼠及天敌,会田间调查鼠害,会自己决策科学灭鼠,了解鼠传疾病及其预防,提高保护生态环境和健康水平的意识。

二、FAO 培训农民的特点

联合国粮农组织(FAO)培训农民是以农民为主体,以人才资料开发为重点,充分体现"农民需要第一"和"实践第一"的观点,突出成人教育的特点,采取"参与式"、"启发式"和"动式"教学方法,通过农民自己动脑、动口、动手、通过举办农民田间学校以田间为课堂,寓教于乐,重点是提高农民的技能和决策能力,从而使农民成为专家。下面我们列表比较传统培训与 FAO 培训农民的区别(见表 3-1)。

三、培训基点和对象的选择

(1)基点选择:在一个地方的培训工作,应当从基点搞起,以取得当地的培训经验,然后再扩大示范。培训基点一般以村(社区)为单位,培训基点的基层干部和农民要理解和重视农村鼠害控制,这样他们就可能以主人翁的姿

表 3-1 FAO 培训与传统农技培训比较

项目	传统农技培训法	FAO 培训法
目标	单项技术推广	素质提高（知识、态度、行为）
时间	多在冬春，时间无序	农作物生长期，有序进行
对象	不固定	定向型
方式	被动接受，填鸭式	主动参与式，启发式，互动式
方法	课堂讲授，以会代训	田间实践动手，动脑，动口
内容	全面知道传播	农民需要，技能提高
教师	不固定	固定，先培训
教材	单篇或无	成套
考试	笔试或口试	多种形式

态参加培训。

（2）培训对象：培训什么样的农村鼠害控制实施者，这要取决于当地实施农村社区控鼠的途径。一般来讲，培训对象应是当地有影响的人（村、社干部、科技示范户、种田大户等）确定培训对象的参考条件：（1）在家务农，具有家庭生产决策权；（2）热爱农业生产和鼠害控制；（3）具有一定文化水平，以中青年农民为主；（4）自觉参加培训，经培训后可以发挥示范带动作用。每期培训以 30 人左右为宜，分小组活动。

四、培训日程设置

（1）培训时间：应在农作物生长季节或鼠害发生危害期进行，每期田间学校培训 5~6 次，每次半天为宜，田间实习时间应占70%。

（2）培训内容：培训内容应当紧密结合当地农业生产和鼠害发生情况，主要应包括以下几个方面：农村鼠害生态系统分析，鼠害一般知识（害鼠及天敌识别，鼠害调查、防治方法、安全防护);必要的试验观察,技能训练和趣味活动,怎样开展农村社区灭鼠。下面是农民田间学校参考课程表。

五、考试

(1)考试的方法(票箱法——BBT)

在考试前对受训农民编号,按题目数发给该户编号卡片。例如某农民编为第4号,共有12道试题,则发给这个农民写有4号的卡片12个。考试需要单个农民独立限时进行,以免互相影响。

考试以实施标本,田间症状式图片为题目,出在小木板式纸板上,然后依次放在田间或农舍。每题在一个提问之下,设有2~3种选择。票箱法是在每一种选择下放置一个可以装下编号卡片的小盒子,让农民选择后投入,最后分号统计答对题目数。

(2)考试内容提示

考试题目要全面选择,训前考试可以简单些,训后的考试要全面。考题可以分以下几个

表3-2 FAO四川农村鼠害控制项目农民田间学校（FS）课程设置

周次	课程内容	材料
1	开学典礼 滚球认人游戏 BBT 训前测试	横幅、球、票箱、票、测试题
2	害鼠基础知识介绍（分类、危害、防治） 悄悄话游戏	黑板、粉笔、纸条
3	害鼠生态学简单介绍 害鼠繁殖游戏 学员绘制害鼠生态图	瓜子、大白纸、绘图笔

续表

周次	课程内容	材料
4	鼠害防治技术介绍 毒饵站及毒饵选择、配制技术 协作运水游戏 实习安置毒饵站	毒饵站、鼠药、谷粒、小麦、盆
5	介绍鼠害调查方法 鼠害综合控制措施讨论 田间观测毒饵站 田间实习鼠害调查方法（识别鼠洞、鼠迹、鼠道……）	大白纸、绘图笔
6	成立社区鼠害防治校友会 训后BBT测试 结业典礼	大白纸、绘图笔、票箱、票、测试题、横幅、结业证

方面,各占一定比例:

①鼠害基础知识

②害鼠、天敌和危害状识别

③常用灭鼠方法

④鼠害综合控制技术

⑤杀鼠剂种类、剂量和投饵方法选择

⑥灭鼠安全防护常识

⑦农村社区灭鼠

(3)考试结果分析

对农民考试结果可以进行多方面的分析,如农民受训前对摸底考试和受训后的结业考试对比分析;受训农民不同知识结构的掌握程度分析。通过这些分析,可以看出培训是否有效,培训后农户在哪些方面已基本掌握,哪些方面还是薄弱环节,使今后的培训有的放矢。

随着农村经济、农业生产和农村社区的发展,农村灭鼠应改季节性灭鼠为鼠害持续控制,这就需要以村、乡等社区为单位,在县、乡技术人员指导下,通过培训农民,积极组织乡、村社区灭鼠,不定期举行农民社区灭鼠讨论会，让农民自己观察鼠害情况，自己分析有关农村鼠害问题，自己决策是否开展灭鼠活动和采取相应的鼠害控制措施，达到统一、高效、安全、持续控制鼠害，获得较好的经济、生态和社会效益。